W0257557

WERKSTATTBÜCHER

FÜR BETRIEBSANGESTELLTE, KONSTRUKTEURE UND FACHARBEITER. HERAUSGEGEBEN VON DR.-ING. H. HAAKE, HAMBURG

Jedes Heft 50—70 Seiten stark, mit zahlreichen Textabbildungen

---

Die Werkstattbücher behandeln das Gesamtgebiet der Werkstattstechnik in kurzen selbständigen Einzeldarstellungen; anerkannte Fachleute und tüchtige Praktiker bieten hier das Beste aus ihrem Arbeitsfeld, um ihre Fachgenossen schnell und gründlich in die Betriebspraxis einzuführen.

Die Werkstattbücher stehen wissenschaftlich und betriebstechnisch auf der Höhe, sind dabei aber im besten Sinne gemeinverständlich, so daß alle im Betrieb und auch im Büro Tätigen, vom vorwärtsstrebenden Facharbeiter bis zum leitenden Ingenieur, Nutzen aus ihnen ziehen können.

Indem die Sammlung so den Einzelnen zu fördern sucht, wird sie dem Betrieb als Ganzem nutzen und damit auch der deutschen technischen Arbeit im Wettbewerb der Völker.

Einteilung der bisher erschienenen Hefte nach Fachgebieten

(Fortsetzung 3. Umschlagseite)

WERKSTATTBÜCHER

FÜR BETRIEBSANGESTELLTE, KONSTRUKTEURE UND FACH-
ARBEITER. HERAUSGEBER DR.-ING. H. HAAKE, HAMBURG

HEFT 49

Farbspritzen

Verfahren, Stoffe und Einrichtungen

Von

Rudolf Klose

Obering., Eisenach

Zweite verbesserte Auflage

(6. bis 11. Tausend)

Mit 109 Abbildungen

Springer-Verlag

Berlin / Göttingen / Heidelberg

1951

Inhaltsverzeichnis.

Alle Rechte, insbesondere das der Übersetzung in fremde Sprachen, vorbehalten.

ISBN 978-3-540-01590-1   ISBN 978-3-642-86686-9 (eBook)
DOI 10.1007/978-3-642-86686-9

Einleitung.

Man versteht unter *Farbspritzen* das Auftragen von Anstrichstoffen durch Farbzerstäuber, und zwar derart, daß die zu verarbeitenden Stoffe durch sich entspannende Luft, teils gezogen, teils geschoben, auf die Anstrichfläche gebracht werden

Die hierbei zu bewältigenden Arbeiten sind:

1. Abtrennen eines Farbtröpfchens vom Hauptfarbkern.
2. Befördern der Farbe zur Fläche.
3. Verteilung der Farbteilchen über die zu bearbeitende Fläche.

Den Arbeitsmittler hierzu bildet gespannte Luft. Die Farbe tritt durch natürliches Gewicht oder durch Druck- oder Saugwirkung (Vakuum) aus der Öffnung eines Farbkanals, der von einem Luftzuführungsrohr umgeben ist. Aus diesem tritt ein Luftstrahlenbündel, das aus feinsten Luftfäden besteht, von denen jeder einzelne vom Hauptfarbkern ein Tröpfchen löst und zur Arbeitsfläche schleudert. Die so aneinandergereihten Tröpfchen verbinden sich infolge der Adhäsion und Kohäsion zu einer haftenden Flüssigkeitsschicht (Farbfilm).

Das *Metallspritzverfahren*[1] steht mit dem Farbspritzverfahren in keinem Zusammenhang: im Farbspritzverfahren werden bereits flüssige Anstrichstoffe zerstäubt, während beim Metallspritzverfahren pulverisierte oder ziehbare Metalle verarbeitet werden. Das Metallspritzverfahren zielt in der Hauptsache darauf hin, weniger wertvolle Metalle mit hochwertigen Metallüberzügen zu versehen und sie dadurch gegen Rost und Korrosionsangriffe zu schützen oder abgenutzte Stellen an Metallgegenständen wieder aufzufüllen.

I. Allgemeines zur Technik der Spritzanstriche.

1. Beschaffenheit der Anstrichstoffe. Spritzfähig ist jeder Stoff, der streichfähig ist; doch lassen sich auch an sich nicht flüssige Stoffe, die durch Wärmeeinwirkung verflüssigt werden können, verspritzen. Leistung und Güteausfall hängen jedoch vom Flüssigkeitsgrad und vom Arbeitsdruck ab. Aus dem Flüssigkeitsgrad und dem spezifischen Gewicht des Werkstoffes läßt sich die Ausflußmenge und Geschwindigkeit berechnen, wonach dann wiederum der zu wählende Düsendurchmesser bestimmt wird.

Zähflüssigkeit (Viskosität) des Anstrichstoffes und Farbdüsendurchmesser ergeben den zu wählenden Spritzdruck.

Zu *zähflüssig* verarbeitete Anstrichstoffe ergeben auf der Fläche Spritznarben.

Zu *dünnflüssig* verarbeitete Anstrichstoffe geben leicht Anlaß zu Lackläufern.

Die Temperatur der zu verarbeitenden flüssigen Werkstoffe sowie der benutzten Preßluft bewegt sich in den Grenzen von 18 bis 20° C. Anstrichstoffe, die bei dieser Temperatur von einer senkrecht stehenden Glasplatte mäßig, schwach fadenziehend, ablaufen, sind für die Spritztechnik am besten geeignet und verteilen sich gleichmäßig auf der Fläche. Gallertartige (gelatinöse) Stoffe, die der Formveränderung einen Widerstand entgegensetzen, und zähflüssige Stoffe können durch entsprechende Verdünnung oder durch Hitze spritzfähig gemacht werden. Zerrige,

---

Anmerkung: Die erste Auflage dieses Werkstattbuches erschien 1932.

[1] Siehe Werkstattbuch Heft 93: KREKELER und STEINEMER „Metallspritzen".

elastische Stoffe, die sich ziehen lassen und wieder in ihre ursprüngliche Form zurückgehen (gummiartig), lassen sich bisher in der Spritztechnik noch nicht gut verarbeiten.

Die Konsistenz oder Zähflüssigkeit eines Anstrichstoffes ist maßgebend für gleichmäßigen Ausfall der Lackierung. Sie irgendwie festzulegen ist notwendig, um eine einmal festgelegte Arbeitszeit (vgl. Düsengeschwindigkeit, Abschn. 45—48, nach KLOSE) einhalten zu können. Am einfachsten ist das Messen mit Auslaufbecher nach DIN 53 211. Die Auslaufzeit wird nach Sekunden für 100 cm³ gemessen. Näheres darüber siehe R. KLOSE, Anstrichstoffe und Verfahren (Werkstattbuch Heft 103). Farben und Spachtel sollen, damit sie gut verarbeitet werden können, für 100 cm³ nachfolgende Auslaufzeiten aus Becher DIN 53 211 bei 4 mm·Düse haben:

$$
\begin{aligned}
\text{Spritzspachtel} &= 55\text{—}160 \text{ Sek.}\\
\text{Ölfarben} &= 30\text{—}120 \text{ ,,}\\
\text{Kunstharzfarben} &= 16\text{— }50 \text{ ,,}\\
\text{Nitrofarben} &= 12\text{— }40 \text{ ,,}
\end{aligned}
$$

2. Vorbehandlung verschiedener zu lackierender Werkstoffe. In diesem Abschnitt wird kurz auf solche Arbeiten hingewiesen, die zwar in vielen Betrieben nicht unmittelbar zum Fertigungsprogramm gehören, aber hier und da dennoch aushilfsweise vorkommen können.

a) Einteilung und Bezeichnung. Die Vorbehandlung der zu lackierenden Flächen richtet sich ganz danach, auf welchem Untergrund gearbeitet werden soll. Hierbei ist wieder zu unterscheiden, ob die Farbe unmittelbar oder mittelbar auf den Untergrund aufgebracht wird, oder aber ob ein Zwischengrund geschaffen werden muß, der als Vermittler von Werkstück und Farbschicht dient.

b) Holz ist insofern in der Behandlung sehr schwierig, als es einen physikalisch ungleichförmigen Grund besitzt und infolge der verschiedenen Jahreszonen bald stark bald gar nicht saugt. Außerdem verändert es sich durch Witterungs- und Temperatureinflüsse mechanisch.

Als Feuchtigkeitsschutz bei Holz hat sich am besten ein Aluminiummetallanstrich bewährt. Auch ein Karbolineumanstrich ist für Imprägnierung sehr gut. Ferner ist für verschiedene Techniken auf Holz die ölfreie „Kronengrundierung" zu empfehlen.

Die Vorbehandlung des Untergrundes beim Holz richtet sich ganz nach der Art des gewünschten Oberschutzes. Für farbige Holzbehandlung im Innenraum eignen sich Leimfarben, die zur Erhöhung der Haltbarkeit nur fixiert oder durch Lacküberzug ölartig gemacht werden. Fixiert wird, wenn Hochglanz gewünscht, mit Spritzlack, bei Seidenglanz mit Zaponlack. Als Oberschicht im Innern sind außerdem Sprit-, Zapon- und Öllacke geeignet, sofern vorher entsprechend grundiert wurde.

c) Metalle müssen zur Erzielung eines dauerhaften Auftrages vorher gereinigt und entfettet werden. Das geschieht entweder durch Abstrahlen mit Sandstrahl, Abbrennen oder Abschmirgeln und Entfetten. Vorhandene Oxydationsschichten werden bei Eisen, Zink, Aluminium durch Salzsäure entfernt, bei Messing und Kupfer durch Salpetersäure. Aluminium kann außerdem auch durch konzentrierte Natronlauge metallisch rein gemacht werden. Gutes Abspülen in Wasser und Trocknen des Untergrundes ist vor Aufbringung der Oberschicht Bedingung. Zur Vermeidung von Flecken im Anstrich ist eine Entfettung durch Benzin am Platze. Bei Graugußteilen genügt auch Abbürsten mit Stahlbürste. Für Leimanstriche auf Metall ist Entfetten und Aufrauhen nötig. Reine, blanke Metallflächen können unmittelbar mit Spiritus-, Zapon- und Öllacken behandelt werden.

Besonders feine Überzüge erfordern gleichviel Arbeitsgänge wie bei Holz. Anstriche auf Kupfer trocknen sehr langsam, müssen daher reichlich Sikkativ erhalten. Verzinntes Eisenblech, Weißblech, ist für jeden Lackanstrich bei vorangegangener Reinigung gut geeignet.

d) Glas, auf das Anstriche gebracht werden sollen, muß vorher entfettet werden. Auf glatten Glasflächen halten nur Wasserglasanstriche gut. Zu durchscheinenden Buntanstrichen eignen sich am besten Spritfarben; außerdem gibt es aber handelsübliche Plakatfarben, die ebenfalls nicht blättern (Pelikan Plaka).

Wasserechte, dauerhafte Farbabzüge sind nur dann möglich, wenn der Glasuntergrund vorher durch Sandstrahl oder Flußsäure mattiert ist.

e) Gips muß, da er stark saugt, vor dem Auftrag der Oberschicht isoliert werden. Dies geschieht bei Leimfarben- oder Kaseinfarbenoberschicht durch Leim- oder Kaseinlösung. Es kann auch mit Zaponlack isoliert werden, wobei als Oberschicht dann Spirituslacke, Öl- oder Zaponlacke verwendet werden.

f) Pappe und Papier müssen je nach ihrer Beschaffenheit und nach der gewünschten Endwirkung der Oberfläche vorher isoliert werden. In der Hauptsache isoliert man mit Harzseife oder Leimlösung; auch ölfreie Kronengrundierung ist sehr gut geeignet. Als nicht durchschlagender Stoff ist „Faktorfirnis" hervorzuheben, der selbst bei starksaugendem Untergrund bei einmaligem Auftrag die Poren füllt, so daß der Anstrich dann hochglänzend steht. Feuerschützende Überzüge für Pappen und Papier erreicht man durch Wasserglasauftrag.

g) Kunstmassen. Auf diese Werkstoffe läßt sich fast jede Oberschicht aufbringen, sofern der Untergrund nicht poliert ist. Die Haltbarkeit der Oberschichten ist naturgemäß ziemlich begrenzt. Am meisten werden Zaponlacke verwendet. Aber auch Leim-, Kasein- und Ölfarben eignen sich dazu.

3. Ausbesserungsarbeiten an Fabrikgebäuden und Innenräumen. a) Putz. Oft wird man an alten Putzwänden Schädigungen, wie Ausblühen und Abblättern, beobachten. Sind sie entfernt und soll auf den frischen trocknen Putz ein Oberflächenschutz gebracht werden, so wird dieser immer halten, wenn der Untergrund vorher isoliert wird. Man verwendet hierzu am besten Handelspräparate wie Grundisol, Kronengrund u. a. m.

b) Für feuchte Wände, auf denen besonders ein Arbeiten mit einer Öl- oder Lackschicht ohne weiteres möglich ist, leisten die oben angeführten Isoliermittel, die gleichzeitig abbindend, also trocknend, auf den Untergrund wirken, gute Dienste.

c) Ruß an Decken und Wänden ist stets fetthaltig und schlüge ohne Isolierung durch. Deshalb muß auch hier mit den oben angeführten Mitteln isoliert werden.

d) Alte, Anilin enthaltende Untergründe (z. B. Tapeten), die mit neuer Oberschicht versehen werden sollen, bedürfen, da Anilin durchschlägt, einer entsprechenden Isolierung. Besteht die neu aufzubringende Oberschicht aus Öl- und Lackbindemitteln, erübrigt sich allerdings meistens eine Isolierung. Soll jedoch die neue Oberschicht aus Leimfarbe bestehen, so ist mit Farbstoff enthaltendem Zaponlack zu grundieren [1].

4. Die Trockenzeiten der Anstrichstoffe sind sehr verschieden und richten sich nach dem Untergrund und der Zusammensetzung der Anstrichstoffe. Im Abschnitt 71, Tab. 6 und Abschn. 75, Tab. 7 werden Trockenzeiten angeführt, unter gleichzeitigem Hinweis auf ihre Kürzung bei Faktorfirnis. Faktisierende Anstrich-

---

[1] Weitere Ausführungen siehe R. KLOSE, Anstrichstoffe und -verfahren, Werkstattbuch Heft 103.

stoffe sind für die Anstrichtechnik als bedeutender Fortschritt anzusehen, da man sie stärker als die üblichen Lacke auftragen kann, ohne Runzel-, Blasen- oder Rißbildungen befürchten zu müssen, denn dieser Firnis trocknet von innen heraus und bildet keine Haut. Nach Verdunstung der Lösungsmittel bildet sich beim Spritzauftrag bereits nach 15 bis 20 min ein Film, so daß nach dieser kurzen Wartezeit zum zweitenmal aufgetragen werden kann.

II. Das Hochdruckverfahren.

A. Preßluft und Kohlensäure in Flaschen.

5. Übersicht. Da sich die Arbeitsdruckhöhen des Hoch- und Mitteldruckes nur wenig voneinander unterscheiden und die Art und Konstruktionen der Lufterzeuger, sowie der nötigen Apparate und Apparaturen bei beiden Verfahren vollkommen gleich sind, seien beide als *Hochdruck* zusammengefaßt. Anders liegt es beim *Niederdruck.* Bei diesem Verfahren wird unter ganz anderen Voraussetzungen zerstäubt, deshalb ist hier eine Trennung nicht allein wegen des Druckes, sondern auch wegen der Konstruktion der Drucklufterzeuger usw. nötig.

Die wesentlichen Bestandteile, aus denen sich eine ortsfeste Hochdruck-Farbspritzanlage zusammensetzt, sind: Drucklufterzeugung, Spritzpistole, Spritzkabine, Absaugevorrichtung. Die erforderliche Druckluft wird entweder aus Preßluftflaschen entnommen oder in einer besonderen Kompressoranlage erzeugt. Auch Kohlensäure aus Flaschen kann verwendet werden.

6. Preßluft in Flaschen, auf etwa 150 at verdichtet, wird durch Hochdruckkompressoren in Sauerstoffwerken hergestellt. Sauerstoff darf nicht zum Spritzen verwendet werden.

7. Stahlflaschen und Ventile. Stahlflaschen kommen für die komprimiert (d. h. verdichtet) und verflüssigt verwendeten Gase: Sauerstoff, Wasserstoff, Blaugas, Preßluft, Kohlensäure u. a. in Frage. Ihre Größenabmessungen sind verschieden und in den DIN-Blättern 4660—4675 festgelegt, Gewinde und Anschlußmaße für Gasflaschenventile in DIN 477.

Die jeweils noch in der Flasche vorhandene Preßluftmenge kann man leicht durch Ablesen am Manometer bestimmen. Zeigt das Manometer z. B. 40 at an, so enthält eine Stahlflasche von 20 l Rauminhalt noch $20 \cdot 40 = 800$ l $= 0,8$ m³ Preßluft von normalem Druck (1 at). Die Stahlflaschen sind aus Flußstahl nahtlos gezogen, haben oben am Kopf ein Verschlußventil, das während der Beförderung durch Verschlußkappe geschützt ist. Bei wechselndem Kohlensäure- und Preßluftbetrieb ist darauf zu achten, daß stets ein Zwischenstück vorhanden ist. Preßluftflaschen haben Innengewindeanschluß 22,91 mm 14 Gg für Druckminderventil, Kohlensäureflaschen dagegen Außengewindeanschluß 21,80 mm 14 Gg.

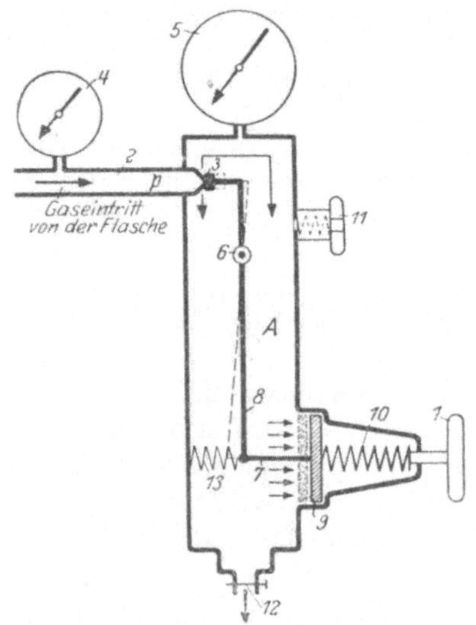

Abb. 1. Druckminderventil.

Der hohe Füllungsdruck von 150 at wird durch ein an das Verschlußventil angeschraubtes Druckminderventil (Reduzierventil) auf den gewünschten Spritzdruck von etwa 2,5 at (je nach Art des zu verarbeitenden Anstrichstoffes) gebracht (Abb. 1).

Nachdem man die Schutzkappe der Stahlflasche abgenommen und die plombierte Verschlußmutter entfernt hat, läßt man durch Drehen des Handrades am Flaschenventil etwas Luft abblasen, um etwaigen Schmutz aus der Ausblaseöffnung zu entfernen. Hat man das Druckminderventil an der Flasche befestigt, öffnet man das Flaschenventil, wodurch die Preßluft oder Kohlensäure in das Rohr strömt. Wird nun das Rädchen *1* nach rechts gedreht, so drückt die an ihm sitzende Schraube die Feder *10* zusammen, damit Scheibe *9* und Hebel *7* nach links und Doppelhebel *8* oberhalb des Drehpunktes *6* nach rechts; der Gummikegel *3* wird von der Verschlußstelle abgehoben, das Gas kann in den Raum *A* eintreten. Je mehr Rad *1* nach rechts gedreht wird, um so höher steigt der Druck in *A* und in der bei *12* abgehenden Schlauchleitung zur Pistole, was am Arbeitsdruckmesser *5* ständig abgelesen werden kann. Alle Druckminderventile für hoch oder niedrig gespannte Gase arbeiten ähnlich.

8. Kohlensäure in Flaschen. Das spezifische Gewicht der Kohlensäure beträgt 1,524 bei 0° u. 760 mm Q.-S., die kritische Temperatur 30,9°, bei der die Kohlensäure unter einem Druck von 73,6 at verflüssigt wird; bei 0° beträgt der Verflüssigungsdruck 36 at. Die Feststellung der noch in der Flasche befindlichen gasförmigen Kohlensäure ist nicht wie bei Preßluft möglich. Es kann zunächst nur das Gewicht festgestellt werden, und zwar gibt 1 kg flüssige Kohlensäure bei 15° und 760 mm Q.-S. 0,55 m³ gasförmige Kohlensäure von atmosphärischem Druck.

Das Leergewicht ist stets auf der Flasche eingeschlagen; zieht man es vom Gesamtgewicht ab, so erhält man den kg-Inhalt Kohlensäure. Beispiel: eine für 10 kg bestimmte Flasche wiegt noch 30 kg. Dafür errechnet sich der Flascheninhalt aus dem Flaschenleergewicht von 23 kg (nach DIN) zu: 30 — 23 = 7 kg flüssige Kohlensäure bzw. 7 · 0,55 = 3,85 m³ gasförmige Kohlensäure.

Erst wenn die letzte Flüssigkeit verdampft ist, kann der Inhalt nach dem Manometer bestimmt werden, wie bei der Preßluft.

Handelsüblich sind Flaschen mit 8, 10 und 20 kg Füllung.

Arbeitet man mit großen Düsen, so wird der Ausflußkanal im Innern des Ventils bald vereisen. Um dies zu vermeiden, bringt man eine Wärmevorrichtung an. Sie besteht aus einem Blechgehäuse, dessen oberer Teil mit Wasser gefüllt ist, das unten durch eine Spiritusflamme erhitzt wird. *Andere verdichtete oder verflüssigte Gase als Preßluft oder Kohlensäure sind wegen der Explosionsgefahr nicht zu verwenden. Kohlensäureflaschen nicht über 30° erwärmen, wegen gefährlicher Drucksteigerung!*

B. Kompressoren.

9. Bauarten. Zur Lufterzeugung für Farbspritzapparate verwendet man vorzugsweise Ein- oder Mehrzylinderkolbenkompressoren.

Luft von atmosphärischer Spannung wird vom Kompressor angesaugt und auf den gewünschten Betriebsdruck von 2,5—3 at verdichtet. Durch Kompression und Reibung im Kompressor wird Wärme erzeugt, wodurch die Luft angewärmt wird und aus den Schmierstoffen Öldämpfe entstehen. Diese Erwärmung geht während der Fortleitung wieder zurück. Da Luft von Arbeitsraumtemperatur einen relativen Feuchtigkeitsgehalt von 50% und mehr hat, muß sich beim Abkühlen der Luft Niederschlag bilden, der für den Anstrich sehr gefährlich ist und abgeschieden werden muß. Dies geschieht durch den Luftkessel, in dem sich infolge der großen Oberfläche die Luft schnell abkühlt und die Feuchtigkeit niederschlägt. Der Luftkessel hat ferner den Zweck, die Luftstöße vom Kompressor zu dämpfen. Die beruhigte Luft strömt durch die Luftleitungsrohre zum Öl- und Wasserabscheider, der den letzten Öl- und Wassergehalt aufnimmt und abscheidet.

Die Preßluft muß unbedingt wasser- und ölfrei sein, weshalb verständlich ist,
daß sich gerade für die Farbspritzzwecke auch verschiedene Kompressorsonder-
konstruktionen herausgebildet haben. Nachfolgend seien einige Kompressorbau-
arten beschrieben, die die Luft praktisch ölfrei fördern.

Abb. 2 stellt einen einzylindrig einstufigen, langsam laufenden Kolbenkompressor mit 225—500 U/min dar. Er besitzt eine Tauchschleuderschmierung mit
besonderer Ölbadkühlung.
Die schädliche Ölförderung
ist durch einen besonders
ausgebildeten Kolben ver-
hindert.

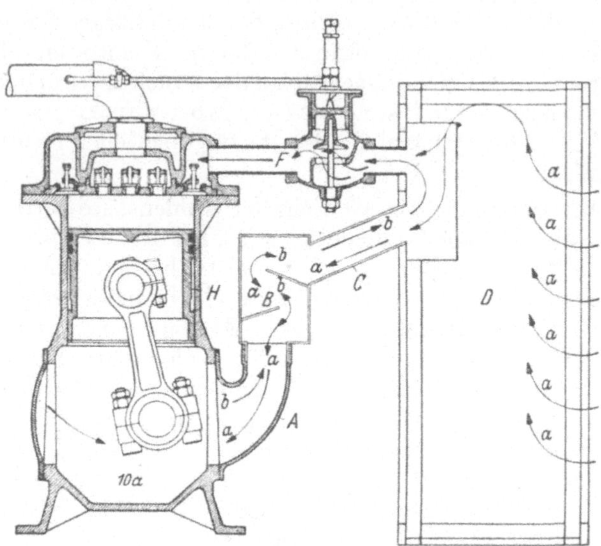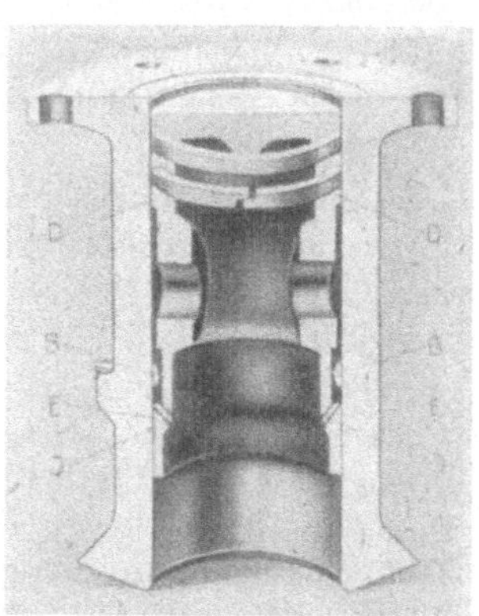

Abb. 2. Kolbenkompressor mit patentierter Kolbenschmierung.
A Öleinfüllhorn; *B* Unterdruckausgleichshaube; *C* Verbindungsrohr;
D Kastenfilter; *F* Saugleitung; *H* Kolbenaussparung; *K* Druckregler.
a Lufteintritt; *b* Prellbleche.

Abb. 3. Arbeitsweise des Kolbens.
B Ölring, welcher in der Aussparung *H*
hin und her bewegt wird; *E* Ölzubrin-
gender Kolbenrand; *D* Ölabnehmen-
der u. verteilender Kolbenrand;
J Öl-Rücklaufrinne.

Die Ölabscheiderwirkung geht aus Abb. 3 noch deutlicher hervor. Beim Hoch-
gehen des Kolbens wird das Öl durch den Kolbenrand *E* bis zur Zylindermitte ge-
tragen, wo sich ein Ölring *B* bildet. Beim Rücklaufen des Kolbens taucht der Kolbenrand *D* in den Ölring *B* und nimmt soviel Öl mit wie nötig ist, um die Kolbenringe und Kolbengleitflächen zu ölen. Das überschüssige geförderte Öl läuft durch
die Kolbenbohrungen *J* in das Ölgehäuse zurück. An Stelle von ölfördernden Kol-
benringen hat die Kolbenwand außen eine Aussparung *H* (Abb. 2); der sich darin
bildende Luftraum unterbindet die unnötige Ölförderung.

Abb. 4 ist ebenfalls ein langsam laufender (400 U/min) einstufiger Kolbenkompressor, bei dem von vornherein die Bewegung großer Ölmassen wie bei der
Schleuderschmierung durch Kurbelwelle vermieden ist. Zur Verhinderung un-
mäßiger Ölförderung ist eine sogenannte Centro-Ringschmierung vorgesehen, bei
der nur ein Stahlring in einen unterhalb der Kurbelwelle befindlichen Ölstand ein-
taucht. Damit der Ring nicht übermäßig schleudern kann, wird er durch einen
Stift gehalten. Das Öl wird aus der Wanne durch diesen Ring in eine Aussparung
befördert und durch die Zentrifugalkraft in Kanäle der Ölkammer in der Kurbelwelle gedrückt. Von hier aus fließt es den Lagern und dem Kolben zu. Es gibt
aber noch einige nennenswerte Ausführungen, die die Schmiermittelförderung von
vornherein aufs äußerste einzuschränken suchen. Unter diese gehört die Docht-
ölung. Dabei werden die zu ölenden Teile durch den ölsaugenden Docht nur be-

netzt. Die Stärke der Benetzung läßt sich außerdem noch durch Anwendung von mehr oder weniger saugendem Docht verändern. Bei dieser an sich guten Lösung der Schmierung muß nur darauf geachtet werden, daß Öl verwendet wird, das bei Wärmeeinwirkung nicht verharzt, wodurch es seine Schmierfähigkeit verlöre.

Eine andere Lösung, bei der man durch nicht fressende Baustoffe ohne Schmierung des Kolbens auskommt, zeigt Abb. 5. Tragringe aus Fiber entlasten die Kolbenringe derart, daß sie bei der geringen Reibungsarbeit auch ohne Ölschmierung nicht fressen.

Abb. 4. Kolbenkompressor mit patent. Ringschmierung
a Ventilentlastungshebel; *b* Druckleitung; *c* Timkenrollenlager; *d* Ölring; *e* Tauchstift und Ölringanschlag; *f* Saugöffnung; *g* Saugventil; *h* Druckventil; *i* Ölfangrippe für Kolbenschmierung; *k* Ölfangrinne für Kugellagergehäuse; *l* Ölrücklaufrinne.

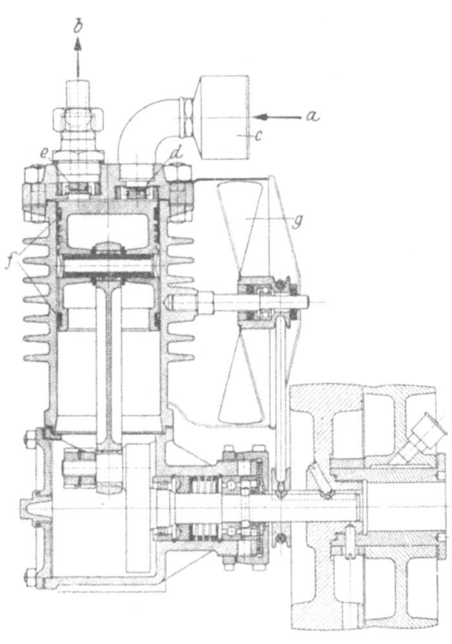

Abb. 5. Kolbenkompressor ohne Kolbenschmierung.
a Lufteintritt; *b* Luftaustritt; *c* Delbagfilter; *d* Saugventil; *e* Druckventil; *f* Fiber-Kolbentragringe; *g* Kühlventilator.

10. Allgemeines zu den Kompressoren. Bei der Projektierung einer Anlage wähle man die Leistung des Kompressors nicht zu hoch und lasse auch hier den Einzelbetrieb (Einmannanlage) wie im Maschinenbau vorherrschen. Betriebsstörungen oder Einschränkungen können sonst sehr hohe Kosten verursachen. Kompressoren mit einer wirklichen Ansaugeleistung von 12—20 m³/h eignen sich am besten; mit ihnen sind fast alle Farbspritzarbeiten ausführbar. Kommen jedoch für Oberflächenbehandlung Sandstrahlarbeiten in Frage, so ist mit einer wirksamen Leistung des Kompressors von wenigstens 60 m³/h zu rechnen.

a) L a n g s a m l a u f e n d e Kompressoren, 250—500 U/min, haben den Vorteil, daß bei ihnen die Gefahr der Öldampfbildung gering ist. Infolge der geringen Umdrehungen und der dadurch bedingten stark stoßenden Luftförderung muß bei diesen Maschinen aber ein großer Luftkessel zwischengeschaltet werden, anderenfalls ein ständiges Spucken an der Pistole bemerkt wird.

b) S c h n e l l l a u f e n d e Kompressoren, 800—2000 U/min, ergeben geringere Abmessungen, also Platzersparnis, gestatten unmittelbare Kupplung mit

Antriebsmotoren und benötigen seltener einen Luftkessel, der jedenfalls nur so klein zu sein braucht, daß er als Öl- und Wasserabscheider Verwendung finden kann. Hohe Temperaturen der Zylinderköpfe, 60—80°, schaden weniger der Maschine als daß sie den Kraftbedarf erhöhen, die Fördermenge herabsetzen und die schädlichen Öldampfbildungen begünstigen. Gute Kühlung solcher Maschinen ist daher unbedingt notwendig.

c) Den **Aufstellungsraum** des Kompressors wählt man getrennt vom Arbeitsraum, weil feine Farbnebel, welche beim Spritzen entstehen, sehr schädlich auf die gleitenden Teile des Kompressors einwirken.

11. Leistungsprüfung von Kompressoren. Die gebräuchlichsten Verfahren sind: Düsenmeßverfahren, Auffüllverfahren, Überström-Meßverfahren und Düsen-Ausströmmeßverfahren.

a) Beim **Düsenmeßverfahren** kann die Meßvorrichtung entweder in die Saugleitung oder zum Messen der Förderleistung in die Druckleitung eingebaut werden. Man mißt die durchströmende Luftmenge mittels besonders ausgebildeter Düsen oder einer Stauwand. Nähere Einzelheiten über diese Verfahren sind festgelegt in den Regeln für die Durchflußmessung mit genormten Düsen und Blenden, Durchflußregeln, DIN 1952.

b) **Auffüllverfahren.** Die Förderleistung wird gemessen, indem man die verdichtete Luft in einen geschlossenen Behälter drückt, d. h. also einen Windkessel auffüllt. Die Messung wird genauer, wenn der Kessel möglichst schon kurz vor dem zu erreichenden Enddruck des Kompressors aufgefüllt wurde. Beispiel: Ein Kompressor fördert Druckluft in einen Windkessel von 700 l Inhalt $= 0,7$ m³ (Inhalt der Druckleitung zwischen Kompressor und Kessel eingeschlossen). Leitung hinter dem Windkessel ist abzusperren. Leistung soll bei 4 atü Enddruck bestimmt werden. Zweckmäßig wird mit 3 atü begonnen und bei 5 atü beendet. Somit ergibt sich folgendes: Bei 3 atü sind im Kessel enthalten $3 \cdot 0,7 = 2,1$ m³ auf atmosphärische Spannung umgerechnet. Bei 5 atü sind im Kessel enthalten $5 \cdot 0,7 = 3,5$ m³, auf atm. Spannung umgerechnet. Gefördert wurden also in diesem Falle: $3,5 - 2,1 = 1,4$ m³ Luft von atm. Spannung.

Man kann auch so rechnen, daß man die Druckdifferenz $5 - 3 = 2$ atü mit dem Kesselinhalt multipliziert, also $2,0 \cdot 0,7 = 1,4$ m³ Luft von atm. Spannung.

Zur Ermittlung der Förderleistung bezogen auf m³/min verfährt man folgendermaßen: Förderleistung war 1,4 m³; diese wurden in 160 sec gefördert, somit war die Leistung

$$\frac{1,4 \cdot 60}{160} = 0,524 \text{ m}^3/\text{min} \quad \text{oder} \quad 31,44 \text{ m}^3/\text{h}.$$

Diese Leistung bezieht sich auf den atm. Druck am Ansaugestutzen des Kompressors und auf die durchschnittliche Temperatur im Windkessel. Wenn die Leistung auf Temperatur der Saugluft umgerechnet werden soll, bedient man sich der allgemeinen Beziehung, daß sich das Volumen umgekehrt verhält wie die absoluten Temperaturen. In diesem Falle war die Temperatur am Ansaugstutzen bzw. Raumtemperatur 21° C, die mittlere Temperatur im Windkessel 55° C, auf den Ansaugezustand umgerechnetes Fördervolumen somit:

$$\text{Kompressorleistung } 0,524 \cdot \frac{273 + 21}{273 + 55} = 0,47 \text{ m}^3/\text{min}.$$

c) Beim **Überströmverfahren** muß die Druckleitung zwei Windkessel besitzen. Man bestimmt die Förderleistung und lehnt sich dabei an das unter Auffüllverfahren Gesagte an. Der Kompressor fördert in den einen Windkessel, aus diesem läßt man in den zweiten Kessel unter stets gleichbleibendem Druck des ersten Windkessels überströmen. Bei einer bestimmten Druckdifferenz mißt man dann im zweiten Kessel die Auffüllzeit für den Inhalt dieses Kessels, sowie die mittlere Temperatur im Kesselinneren.

d) **Düsen-Ausströmverfahren.** Hierbei wird mit selbst hergestellten und geeichten Düsen gemessen, die in einem Halter Abb. 6 befestigt werden. Die Düse besteht aus einer mit Außengewinde versehenen Scheibe von genau 10 mm Stärke mit sauber gearbeitetem Mittelloch. Die Düsenscheibe muß oben und unten genau plan gedreht sein und die Bohrung darf keinerlei Grat aufweisen.

Am besten werden die Düsen vorher geeicht, d. h. es muß festgestellt werden, wieviel Luft in einer gewissen Zeit (am besten in 1 min)

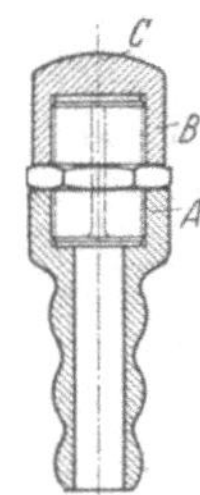

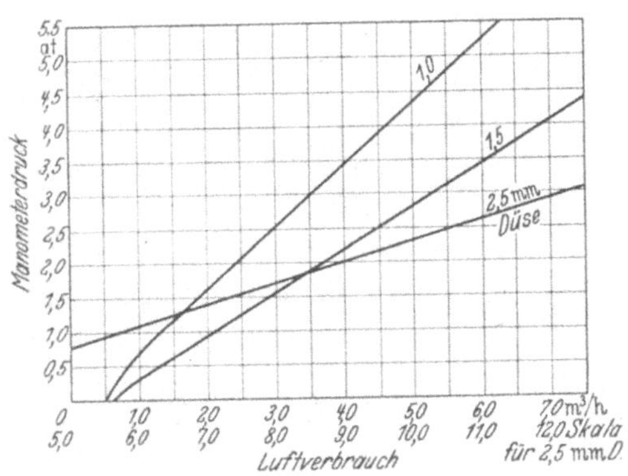

<table>
<tr><td>

Abb. 6. Probierdüse.

A Düsenhalter; *B* Düse; *C* Düsenverschlußkappe beim Prüfen abnehmen.

</td><td>

Abb. 7. Eichkurve für Probierdüsen.

1,0; 1,5; 2,5 mm Düsenbohrung. Durchgang freier Luft in m³/h bei 15° C und 750 mm Q-S.

</td></tr>
</table>

und einem gewissen konstanten Druck durch die Düse in die freie Luft strömt. Abb. 7 zeigt die graphische Darstellung von Düsen eben angegebener Beschaffenheit mit Bohrungen von 1 bis 2,5 mm $\varnothing$. Zur Ermittlung der Förderleistung verfährt man wie folgt:

Auf der Senkrechten links ist der vom Manometer angezeigte Druck in at aufgetragen, auf der Waagerechten der Verbrauch freier Luft in m³/h, während die 3 Kurven den Düsenöffnungen it 1, 1,5 und 2,5 mm $\varnothing$ entsprechen. Hat man z. B. eine 1 mm-Düse an der Ausblaseöffnung des Kompressors bzw. eines zwischengeschalteten Luftkessels angebracht, die dieser konstant auf 2 at hält, so gehe man von 2 der at-Linie waagerecht bis zur Düsenlinie 1,0 und, vom Schnittpunkt senkrecht nach unten zur m³/h-Linie, wo 2,40 m³/h abgelesen wird. Durch Aneinanderreihen von mehreren Düsen kann man so für eine beliebige Druckhöhe die Liefermenge eines Kompressors ermitteln und daraus feststellen, wieviel Apparate gewünschter Düsenbohrung er imstande ist zu speisen. Bei diesen Messungen ist als Druckanzeiger ein Kontrollmanometer zu benutzen, da die handelsüblichen Manometer um $\pm$ 0,5 at ungenau zeigen.

Es ist darauf zu achten, daß man die Luft nach dem Einschrauben einer Düse 3—5 min ausströmen lassen muß, damit sich das am Meßwindkessel angebrachte Manometer einspielen kann. Die Angaben der Tabelle sind auf Luftmengen von atmosphärischer Spannung umgerechnet und zwar bei 20° C. Ist bei der Messung die Temperatur eine andere, so ist dies, falls die Förderleistung auf 20°C als Mittelwert angesehen werden soll, zu berücksichtigen. Das ermittelte Resultat ist dann zu multiplizieren mit $\sqrt{\dfrac{293}{273+t}}$, worin t die Temperatur der Druckluft vor der Düse angibt.

12. Der Energiebedarf für die Preßlufterzeugung (1 bis 6 at) hängt von der Konstruktion des Kompressors ab, d. h. von der Lagerreibung, ob z. B. Wälzlager oder Gleitlager eingebaut sind, von der Kolbenreibung usf. Für überschlägige Berechnungen der Luftkosten ist Abb. 8 für die Praxis ausreichend. Sie gibt den verschiedensten Kompressorausführungen entsprechend Abweichungen von 10 bis 15%.

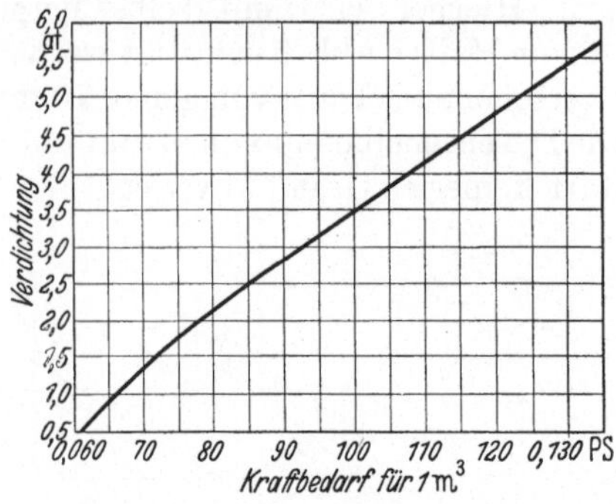

Abb. 8. Energiebedarf zur Verdichtung von 1 m³ Luft.

Beispiel: 12 m³/h auf 3 atü zu verdichten erfordert wieviel PS?

Man gehe von der at-Senkrechten waagerecht zur schrägliegenden stark ausgezogenen Linie, vom Schnittpunkt senkrecht nach unten auf waagerechte PS, wo 0,092 für 1 m³ abgelesen wird; für 12 m³ also 0,092·12 = 1,1 PS = 0,81 kW.

Die theoretisch angesaugte Luftmenge berechnet man mit D = Kolbendurchmesser in m, H = Kolbenhub in m, n = Umdrehungszahl je min wie folgt:

$$Q_{th} = \frac{\pi}{4} \cdot D^2 \cdot H \cdot n \ \text{m}^3/\text{min einfachwirkend,}$$

$$Q_{th} = \frac{\pi}{4} \cdot D^2 \cdot 2\,H \cdot n \ \text{m}^3/\text{min doppeltwirkend.}$$

Die erforderliche Antriebsleistung des Kompressor ist

$$N = \frac{F \cdot H \cdot n \cdot p_w \cdot i}{60 \cdot 75} \ \text{PS}$$

F = wirksame Kolbenfläche in cm²,
i = 1 für einfachwirkend, i = 2 für doppeltwirkend,
p_w = mittlerer Kolbenwiderstand in kg/cm², und zwar Kompressionsverhältnis

$p_2/p_1 =$	1	2	3	4	5
p_w =	0	0,71	1,76	1,48	1,74

13. Antrieb. Bei Wahl des Antriebsmotors für eine ortsfeste Anlage ist mit Rücksicht auf die Explosionsgefahr, die durch die Mischung von Farbnebeln mit Luft entstehen kann, darauf zu achten, daß alle funkenbildenden Stellen möglichst abgeschlossen sind. Am sichersten sind in diesem Punkte Drehstromkurzschlußläufermotoren. Aufstellung der Kompressoren und Antriebsmotoren außerhalb des Spritzraumes ist zu empfehlen.

14. Kraftsparende Regler. Mit Rücksicht auf die verhältnismäßig kurzen reinen Düsenzeiten bei Ausführung von Anstricharbeiten und die andererseits hohen Lufterzeugungskosten ist es auf alle Fälle angebracht, aus Wirtschaftlichkeitsgründen mit kraftsparenden Reglern zu arbeiten. Man unterscheidet drei Arten von Reglern:

1. solche, die die Luftzufuhr drosseln,
2. solche, die die Saugventile öffnen und damit die Verdichtung unterbrechen,
3. solche, die den Kompressor unmittelbar ausschalten (elektrische Regler).

100% kraftsparend arbeitet nur der dritte Regler. Bei 1. und 2. wird zwar die eigentliche Kompressionsarbeit ausgeschaltet, aber der Aufwand für die Reibung des Kompressors und den Leerlauf des Motors bleibt bestehen. Bei 1. ist die Drosselung oft nicht vollständig, die Ventile arbeiten weiter, etwas Luft wird ungewollt verdichtet. Die Wirkung ist also nicht so sicher wie bei 2.

15. Luftfilter. Ein Filter muß am Kompressor angebracht werden. Als beste Filter mit geringstem Luftwiderstand haben sich die Ringfilter Abb. 9 bewährt. Ihr Wirkungsgrad beträgt trotz mehrfacher Ringlagen, die der besseren Aufnahmefähigkeit wegen mit Öl (Viskinöl) benetzt sind, immer noch 98 %, ihr Widerstand nur 8—10 mm W.-S. Der Staub wird bei diesem Filter vollkommen abgeschieden; die Luft erhält einen Reinheitsgrad von 0,1 mg/m³. Kastenfilter sind veraltet, nehmen viel Platz ein und haben einen schlechten Wirkungsgrad.

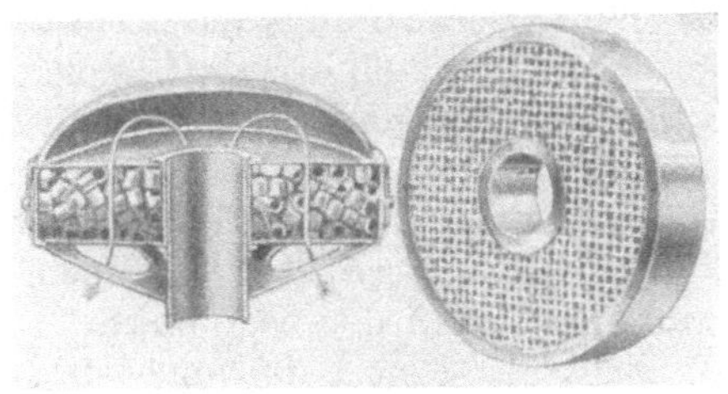

Abb. 9. Ringfilter.

16. Luftkessel dienen zum Ausgleich von Druckschwankungen, oft auch um Preßluftbedarf und -erzeugung auszugleichen. Wenn dieser Zweck erfüllt werden soll, sind große Kessel nötig. Bei gewöhnlichem Farbspritzbetrieb, der infolge des öfteren Absetzens beim Spritzvorgang geringe reine Düsenzeit aufweist, genügen, ohne daß Stöße in der Pistole wahrzunehmen sind, folgende Kessel:

bei Kompressoren von 200— 800 U/min $q/3$,

„ „ „ 800—1500 U/min $q/8$,

„ „ „ 1500—2000 U/min $q/12$,

darin ist q die Ansaugleistung in l/min, d. h. für einen Kompressor mit einer Leistung von $Q = 10 \text{ m}^3/\text{h}$ und $n = 950$ U/min wäre ein Kessel von $\frac{10 \cdot 950}{60 \cdot 8} = 19{,}9\,\text{l}$ nötig. Die Kessel bestehen aus bestem S. M.-Flußstahl mit einer Festigkeit von 36 kg/mm². Jeder Kessel muß mit Sicherheitsventil und Manometer ausgerüstet sein.

17. Öl- und Wasserabscheider beeinflussen die Güte der auszuführenden Arbeit in hohem Maße, denn, wie bereits angeführt, Wasser und Öl sind die schlimmsten Feinde der Lackierung.

Die vom Kompressor angesaugte Luft enthält durchschnittlich 50 % Feuchtigkeit, die sich bei jeder Abkühlungsgelegenheit niederschlägt (Wasserbildung). Dies kann bei ungenügender Abscheidung sogar noch beim Ausströmen aus der Pistole möglich sein. Das mitgeführte Öl wirkt nicht allein schädlich auf die Lackierung, sondern löst auch mit der Zeit die Gummischläuche auf.

a) Theoretische Grundlagen der Öl- und Wasserabscheider. Luft enthält stets eine gewisse Menge Feuchtigkeit in Dampfform. Diese ändert sich mit der Temperatur. Tab. 1 gibt die Wasseraufnahmefähigkeit der Luft im *gesättigten* Zustande für verschiedene Temperaturen an.

Selten, nur an warmen Regentagen oder bei Nebel, ist Luft 100 % gesättigt. Man spricht darum von relativer Feuchtigkeit oder dem Sättigungsgrad der Luft. Die relative Feuchtigkeit wird mit Hygrometer gemessen und in % des in der Tabelle aufgeführten absoluten Feuchtigkeitsgehaltes angegeben.

Tabelle 1.
Größtmöglicher Feuchtigkeitsgehalt der Luft, abhängig von der Temperatur.

Lufttemp. °C	Feuchtigkeit g/m³	Lufttemp. °C	Feuchtigkeit g/m³
−10	2,14	40	51
− 5	3,24	45	65
0	4,84	50	83
+ 5	6,8	55	104
+10	9,4	60	130
15	12,8	65	161
20	17,3	70	198
25	23,0	80	293
30	30,3	90	424
35	39		

Beispiel: Temperatur der Luft $= +20°$ C (absolute Feuchtigkeit $= 17,3$ g/m³). Relative Feuchtigkeit $= 45\%$ (gemessen am Hygrometer). Tatsächlicher Feuchtigkeitsgehalt $= 17,3 \cdot 0,45 = 7,785$ g/m³.

Wird eine bestimmte Luftmenge angesaugt und bei gleichbleibender Temperatur auf einen Bruchteil des ursprünglichen Volumens verdichtet, so sinkt die Wasseraufnahmefähigkeit der Druckluft entsprechend der Abnahme ihres Volumens. Wird Luft verdichtet, ohne daß die Temperatur sich ändert und ohne daß man nachträglich abkühlt, so scheidet sich allein infolge der Volumenänderung Wasser aus.

Den Übergangszustand, bei dem die Luft gerade mit Wasserdampf gesättigt war, nennt man den Taupunkt.

Beispiel: 1 m³ Luft von $+20°$ C und 70% relativer Feuchtigkeit enthält $17,3 \cdot 0,7 = 12,11$ g/m³ Wasser. Wird um 0,5 atü, d. h. von 1 auf 1,5 atü verdichtet (ebenfalls bei 20° C), so kann die Luft bei 100% Sättigung nur $\frac{1}{1,5} \cdot 17,3 = 11,53$ g Wasserdampf tragen. Wasserausscheidung also $12,11 - 11,53 = 0,58$ g/m³.

Durch Verdichtung ohne Temperaturänderung tritt also Verringerung des ursprünglichen Wassergehaltes der Luft ein, wenn dieser eine gewisse Höhe hat.

Die Temperatur der Druckluft soll möglichst gleich der Temperatur des Raumes sein, in dem sie verwendet wird, weil dann Selbstabkühlung der Luft und somit Wasserabscheidung unmöglich wird. Wasserabscheider können nur das ausgeschiedene Wasser entfernen, nicht das in Dampfform enthaltene.

Um die Wirksamkeit der Wasserabscheider zu erhöhen, ist es ratsam, etwas *über* den notwendigen Arbeitsdruck zu verdichten und die Druckluft *unter* die Raumtemperatur abzukühlen, ferner vor den Abzweigstellen der einzelnen Leitungen einen größeren und kurz vor jeder Verbrauchsstelle je einen kleinen Abscheider anzubringen.

Der Feuchtigkeitsgehalt hängt nur vom Volumen und der Temperatur, nicht von der Spannung der Luft ab. Jedoch wird durch die Verdichtung das Volumen verkleinert, wodurch Wasser- und Öldämpfe ausgeschieden werden können. Hierfür gilt folgendes Gesetz:

Bei gleichbleibender Temperatur (isothermische Kompression), ebenso bei nachheriger Abkühlung der verdichteten Luft auf die Ansaugetemperatur ist

$$p_1 \cdot V_1 = p_2 \cdot V_2 = \text{konstant,}$$

$p_1 =$ Anfangsdruck in ata (Ansaugedruck),
$V_1 =$ angesaugtes Luftvolumen in m³ oder m³/h,
$p_2 =$ Arbeitsdruck in ata (Druck der verdichteten Luft),
$V_2 =$ Volumen der Druckluft in m³ oder m³/h wie V_1.

Hieraus ergibt sich

$$V_2 = \frac{p_1 \cdot V_1}{p_2} .$$

Beispiel:

12 m³/h angesaugte Luft enthalten bei 20° C und
bei 50% Sättigung $= 12 \cdot 17,3 \cdot 0,5 = \mathbf{103,8}$ g Wasser
bei 70% Sättigung $= 12 \cdot 17,3 \cdot 0,7 = \mathbf{145,3}$ g Wasser.
12 m³ auf 4,0 atü, also 5 ata verdichtet geben
$$V_2 = \frac{1 \cdot 12}{5} = 2,4 \text{ m}^3 \text{ Druckluft.}$$

2,4 m³ tragen bei 20° C und 100% Sättigung
$2,4 \cdot 17,3 \cdot 1,0 = 41,5$ g Wasser.
Somit können ausgeschieden werden $103,8 - 41,5 = 62,3$ g Wasser.

Bei nicht gleicher Temperatur der angesaugten Luft und der Druckluft gilt folgendes Gesetz:
$$\frac{p_1 \cdot V_1}{T_1} = \frac{p_2 \cdot V_2}{T_2}$$

$T_1 = 273 + t_1 =$ Temperatur der angesaugten Luft,
$T_2 = 273 + t_2 =$ Temperatur der verdichteten Luft.

Unterkühlte angesaugte Luft scheidet schon vor dem Ansaugen Wasser aus, enthält also am wenigsten Wasser.

Beispiel, wieder bezogen auf 12 m³/h Ansaugeluft:

$$p_1 = 1 \text{ ata} \qquad p_2 = 4 \text{ atü} = 5 \text{ ata}$$
$$V_1 = 12 \qquad V_2 = ?$$
$$T_1 = 273 + t_1 \qquad T_2 = 273 + t_2$$
$$t_1 = -5° \text{ C} \qquad t_2 = +20° \text{ C.}$$

$$V_2 = \frac{p_1 \cdot V_1 \cdot T_2}{p_2 \cdot T_1} = \frac{1 \cdot 12 \cdot 293}{5 \cdot 268} = 2,62 \text{ m}^3$$

Angesaugt werden bei —5° C mit 50% Sättigung
$$12 \cdot 3,24 \cdot 0,5 = 38,8 \text{ g Wasser.}$$
Die Druckluft kann aufnehmen: $2,62 \cdot 17,3 \cdot 1,0 = 49,32$ g Wasser. In diesem Falle kann kein Wasser abgeschieden werden.

b) Konstruktionen. Man unterscheidet Öl- und Wasserabscheider nach der Abscheidung durch

1. Prallflächen
2. Wirbelstrombildung der Luft,
3. Wirbelstrombildung und Abscheidepatronen,
4. Abscheidepatronen.

Nachfolgend seien einige Abscheidekonstruktionen beschrieben. Entöler Abb. 10 besteht aus einem äußeren Umhüllungsmantel, in dem sich, wie ersichtlich, abscheidende Beschlagflächen befinden. Filter Abb. 11 und 11a arbeitet mit einer Vor- und Feinabscheidung. Deshalb sind hier zwei zusammenarbeitende Elemente nötig, die Flansch an Flansch hintereinander in die Druckluftrohrleitung eingebaut werden. Der an erster Stelle einzubauende kleinere Vorabscheider hat den Hauptanteil an der Erzielung der vollkommen öl- und wasserfreien Luft. Durch den Vorabscheider muß die Luft, um ein Abschleudern zu er-

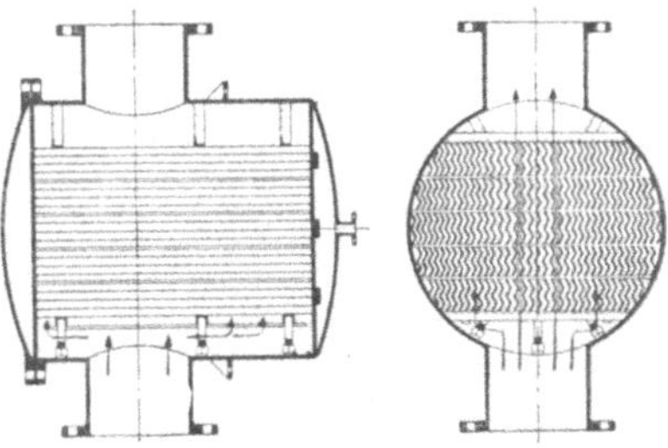

Abb. 10. Prallfilter.

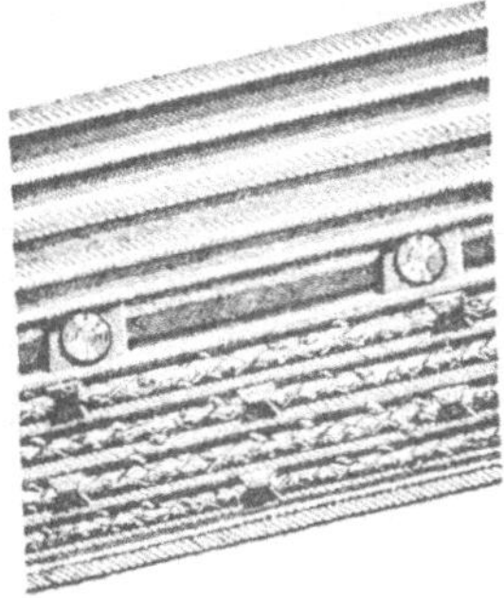

Abb. 11.

Abb. 11a.

Abb. 11 u. 11a. Abscheider.

möglichen, mit 10 m/s strömen, während im Nachfilter mit 1—2,5 m/s gerechnet
wird. Der Druckverlust, der durch Einbau des Filters entsteht, beträgt etwa
15—50 mm W.-S.

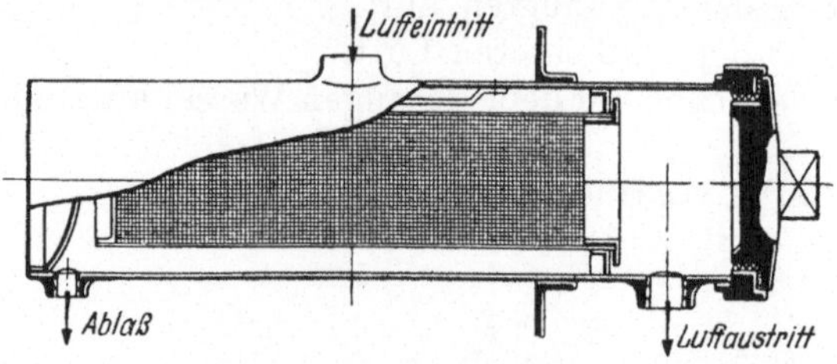

Abb. 12. Prallflächenfilter.

Die Wirkungsweise der Abb.
12 beruht auf der Bildung eines
mehrfachen Öl- und Wasserab-
scheiders auf den Maschen der
einzelnen Wicklungen von
Schläuchen aus feiner Phosphor-
bronzegaze bzw. Eisendraht-
gewebe, der keine festen und
flüssigen Bestandteile durchläßt.

Der Druckverlust dieses Filters beträgt höchstens 20 mm W.-S.

Einen kleinen Öl- und Wasserabscheider mit daran befindlichem Druckminderventil zeigt Abb. 13. Öl und Wasser scheiden sich ebenfalls an dem äußeren Um-

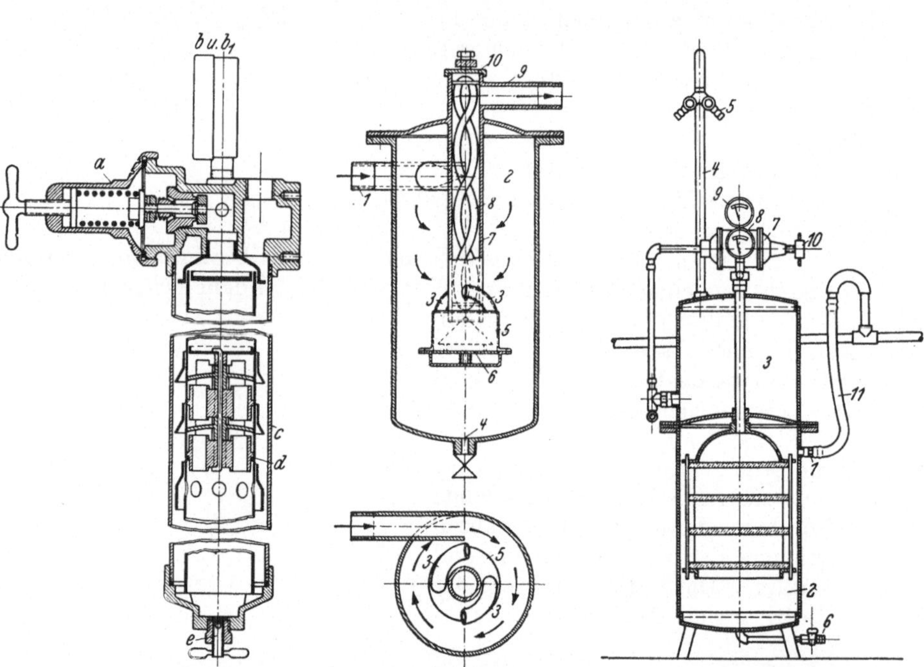

Abb. 13. Öl- und Wasserabscheider.
a Reduzierventil; b u. b₁ Manometer
für Preßluft-Hauptleitung u. reduzierten Druck; c Luftumhüllungsmantel;
d Filtereinsatz; e Wasserablaßhahn.

Abb. 14. Wirbelstromabscheider.
1 Lufteintritt; 2 Luftausgleichs-
behälter; 3 Luftzubringerrohre;
5 Luftsammelbehälter; 6 Schmutz-
fänger; 7 Luftleitrohr; 8 Luftrei-
nigungsdochte; 9 Luftaustritts-
rohr; 10 Verschlußkappe.

Abb. 15. Saugstoffabscheider
mit Einsatzfilter.
1 Lufteintritt; 2 Luftausgleichs-
kessel; 3 Kessel für gereinigte ent-
ölte u. entwässerte Luft; 4 Luft-
steigrohr; 5 Zwillingshahn; 6 Ent-
wässerungshahn; 7 Reduzierventil; 8 Manometer für Druckmes-
sung in der Zuleitung; 9 Manometer für reduzierten Druck;
10 Reglerschraube.

hüllungsmantel ab, während die vorgereinigte Luft durch einen besonderen Filter-
beutel geleitet wird, der fein abscheidet.

Der Abscheider Abb. 14 arbeitet durch Wirbelstrom: Die Luft tritt tangential
in den großen Zylinder, wodurch sie umlaufen muß. Dabei kommen die schwereren

Stoffe nach außen, unmittelbar an den Zylindermantel, so daß sie sich niederschlagen und mit dem Luftstrom in tropfbar flüssigem Zustand schraubenförmig nach unten zum Ablaßhahn bewegen.

Der Ölabscheider Abb. 15 kann gleichzeitig für bestimmte Zwecke als Luftkessel dienen. Er besteht aus zwei Kesseln. In dem unteren befindet sich die Abscheidepatrone, während der obere als Luftspeicher und Beruhiger dient.

c) **Anbringung der Öl- und Wasserabscheider.** Zur Erzielung einer restlos reinen und trockenen Preßluft darf die Temperatur, mit der die Luft durch den Reiniger strömt, nicht über 25—30° betragen. Es ist deshalb ratsam, die Luft vom Kompressor auf diese Temperatur abzukühlen, sei es durch Kupferrippenrohre bei unmittelbarer Verbindung mit dem Ölabscheider oder durch Zwischenschaltung von Luftkesseln. Der Ölabscheider muß sich also möglichst weit vom Kompressor entfernt und möglichst nahe der Luftverbrauchsstelle befinden.

18. Luft- und Anstrichstoffleitungen. a) Rohrleitungen. Als Preßluftleitungen verwendet man zweckmäßig innen gut gereinigte, verzinkte oder rohe schmiedeeiserne Rohre. Innen geteerte oder asphaltierte Rohre dürfen nicht verwendet werden, da sich der Überzug durch ölhaltige Luft löst und die Lackierung verdirbt. Um Kondenswasserrücklauf zum Kompressor zu verhüten, verlege man die Leitung in der Strömungsrichtung mit einem Gefälle von 1 : 200 bis 1 : 400 und sehe möglichst an verschiedenen Stellen Wassersäcke und Ablaßhähne vor. Bei Abzweigstellen ist ein Bogenstück einzusetzen, um Mitreißen des abgesetzten Wassers zu verhindern. In Erde verlegte Leitungen müssen, um gegen Einfrieren geschützt zu sein, 1 m tief liegen. Bei 1—6 atü Betriebsdruck rechnet man abgerundet für jeden m³/min angesaugte Luft mit einem Leitungsquerschnitt von 8 cm². Sämtliche Leitungen sind nach der Montage unter Druck zu setzen und mit Seifenwasser auf Dichtigkeit zu prüfen.

b) Druckverluste in Rohrleitungen[1]. Die vom Luftkessel kommende Luft strömt mit gleichförmiger Geschwindigkeit durch die anschließende Rohrleitung den Verbrauchsstellen zu. Hierbei entstehen Druckabfälle. Rauhigkeitsgrad, Durchflußgeschwindigkeit und Dichte der Luft bestimmen den Druckabfall. Man berechnet ihn im geraden Rohr zu

$$\Delta p_1 = \beta \cdot \frac{\gamma}{10\,000} \cdot v^2 \cdot \frac{l}{d}$$

Δp_1 = Druckabfall in kg/cm²,
β = Widerstandszahl bei mittlerem Rauhigkeitsgrad, abhängig vom durchfließenden Druckluftgewicht G in kg/h,
γ = Gewicht von 1 m³ Druckluft,
v = Durchflußgeschwindigkeit m/s,
d = Lichter Rohrdurchmesser in mm,
l = Länge der Rohrleitung in m.

Für β gilt:

G	β	G	β	G	β	G	β
10	2,03	150	1,36	1 500	0,97	15 000	0,69
15	1,92	250	1,26	2 500	0,90	25 000	0,64
25	1,78	400	1,18	4 000	0,84	40 000	0,595
40	1,66	650	1,10	6 500	0,78	65 000	0,555
65	1,54	1000	1,03	10 000	0,75	100 000	0,520
100	1,45						

[1] Siehe Taschenbuch für Druckluftbetriebe. Springer-Verlag.

Das Schaubild Abb. 16 erspart umständliche Berechnungen, es gilt für Druckluft von 7,0 ata und einen Druckabfall von 0,1 at.

Beispiel: 19,2 m³/h (0,32 m³/min) Ansaugevolumen (bei atmosphärischemDruck) erfordern bei 7,0 ata Betriebsdruck 40 m Rohrlänge und 0,1 at Druckabfall 15 mm Rohrweite. Die Luftgeschwindigkeit hierbei beträgt 4,5 m/s.

Für jeden als zulässig erachteten größeren oder kleineren Druckabfall finden sich die erforderlichen Rohrdurchmesser unter den im gleichen Verhältnis kleineren oder größeren Längen, also für:

$$0,1 \cdot 2 = 0,2 \text{ at Druckabfall: unter der halben Länge,}$$
$$0,1 \cdot {}^1/_2 = 0,05 \text{ at } \qquad \text{,,} \qquad \text{,,} \quad \text{,,} \quad \text{doppelten Länge,}$$
$$0,1 \cdot {}^1/_5 = 0,02 \text{ at } \qquad \text{,,} \qquad \text{,,} \quad \text{,,} \quad \text{fünffachen Länge.}$$

Ist bei gleichem Rohrdurchmesser ein größerer oder nur ein kleinerer Druckabfall statthaft, so ist die zulässige Länge der Leitung im gleichen Verhältnis des Druckabfalles größer oder kleiner als es die Tabelle angibt.

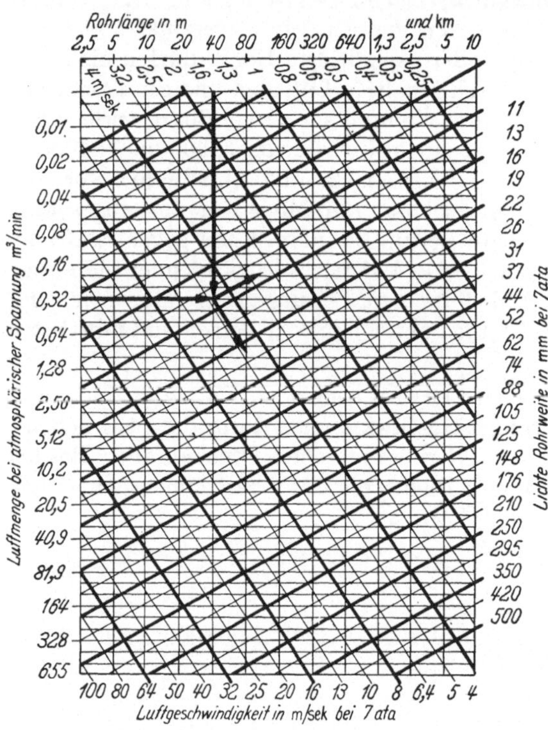

Abb. 16. Schaubild zur Bestimmung von Druckluft-Rohrleitungen bei 0,1 at Druckabfall bei 7 atü (nach FMA-Pokorny).

Für $0,1 \cdot 3 = 0,3$ at Druckabfall darf also, gleichen Rohrdurchmesser vorausgesetzt, die Rohrlänge dreimal so lang sein wie es die Tabelle angibt.

Für jeden anderen Luftdruck von x at, für den die Tabelle ja nicht unmittelbar berechnet ist, erhält man den Druckabfall vorhandener Leitungen durch Multiplikation des Tabellenwertes von 0,1 at Druckabfall mit $7 : x$. Bei 3 at wird z. B. der Druckabfall

$$\frac{0,1 \cdot 7}{3,0} = 0,23 \text{ at.}$$

Für jede größere oder kleinere Länge der Leitung, als sie der Tabelle entspricht, ist der Druckabfall im gleichen Verhältnis größer oder kleiner.

Druckabfall in Zwischenstücken: Kniestücke, Krümmer, Abzweigungen, Kupplungen, Absperrorgane usw. bedingen einen Druckabfall, der bei gewöhnlichen Leitungen etwa 0,01—0,02 at je Zwischenstück beträgt.

c) Schlauchleitungen für Luft. Luftschläuche verwendet man ihrer Beweglichkeit wegen vom Ölabscheider zur Pistole oder zum Druckgefäß. Um nicht abermals einen Wasserabscheider zwischenschalten zu müssen, nehme man diese Leitungen nicht länger als 4 m.

Die Kupplung mehrerer Luftleitungsschläuche verursacht infolge Undichtigkeit Luftverluste, ist daher möglichst zu vermeiden. Übliche lichte Schlauchdurchmesser sind 5, 7, 10 mm. Bei einer Geschwindigkeit des Luftstromes von 54 m/s kann man auf 1 m Schlauchlänge 0,006 at Druckverlust rechnen. Die Schläuche halten in der Regel einen Druck von 6—10 atü aus.

d) Schlauchleitungen für Lack sind meist rein äußerlich durch andere Farbe gekennzeichnet, außerdem aber auch anders beschaffen als die Luftleitungsschläuche, da fast alle Lacke Terpentin, Benzol oder sonstige Verdünnungsmittel enthalten, die Gummi lösen. Man verwendet in der Hauptsache Schläuche mit eingelegter Metall- oder Stoffseele. Da sie schwer und schlecht zu reinigen sind, sind Längen über 4 m zu vermeiden. Für wasserlösliche Farben können Luftschläuche als Anstrichstoffleitungen verwendet werden.

19. Schlauchreiniger. Bei Arbeiten mit Druckverfahren ist es nicht zu vermeiden, daß Anstrichstoffreste in der Zuleitung verbleiben, die, um spätere Störungen zu vermeiden, beseitigt

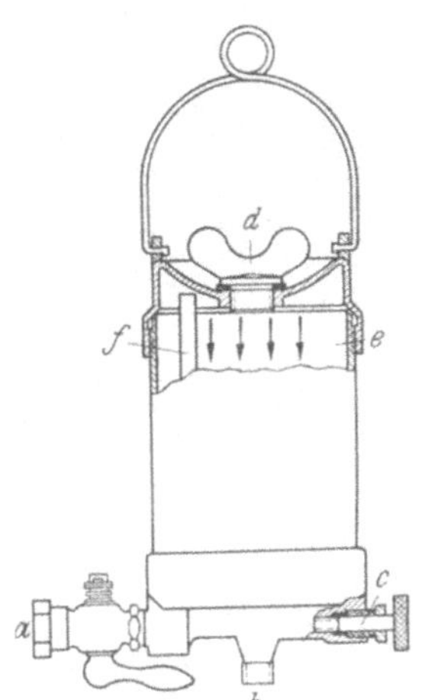

Abb. 17. Schlauchreiniger für Farbschläuche.
a Lufteintritt; *b* Anschluß für zu reinigenden Schlauch; *c* Reglerschraube für Reinigungsflüssigkeit; *d* Einfüll-Verschlußschraube; *e* Behälter für Reinigungsflüssigkeit; *f* Preßluftsteigrohr.

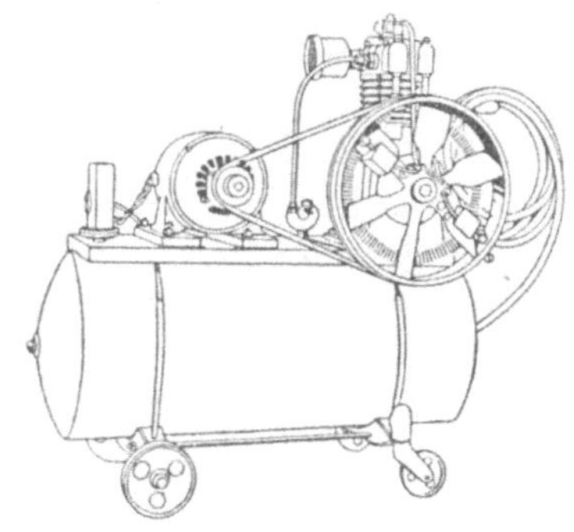

Abb. 18. Fahrbare Preßlufterzeugungsanlage mit elektromotorischem Antrieb und automatisch pneumatischer Ausschaltvorrichtung.

werden müssen. Dies geschieht durch den Schlauchreiniger Abb. 17.

20. Tragbare und fahrbare Anlagen. Wo die Beförderung eines Werkstückes zur Lackierwerkstätte schwierig oder unmöglich ist (Eisenkonstruktion, Gasometerbau) oder zu große Kosten verursachen würde, wendet man bewegliche Spritzanlagen an. Außer den Bedingungen für eine saubere Lackierung sind noch zu fordern: Leichte Beweglichkeit (geringes Gewicht), allgemeine Anschlußmöglichkeit, große Leistung (mindestens 12 m³/h, um auch große Flächen bearbeiten zu können), Betriebssicherheit. Abb. 18 zeigt solche Anlage. Als größten Bestandteil hat man den Luftkessel gewählt, auf und an den sich die übrigen Armaturen bauen. Diese Ausführung ist dann angebracht, wenn nur vorübergehend größere Leistungen benötigt werden, und man den Kessel als Ausgleich für die sonst zu geringe Leistung des Kompressors betrachtet. Die Antriebsverhältnisse sind bei solcher Anlage schwierig. Bei langsam laufenden Kompressoren verwendet man leichte, schnell laufende Elektromotoren und Keilriemen, da sie gute Durchzugskraft bei kürzester Achsenentfernung haben und ihr Wirkungsgrad noch 98 % beträgt. Gummibänder bewähren sich ebenfalls gut. Unmittelbare Kupplung des Kompressors mit dem Motor ist besser, sofern der Motor zur Verwendung der Anlage an Plätzen mit verschiedener Stromart nicht ausgewechselt zu werden braucht. Die Ausrüstung der Anlage mit Benzinmotor ist für Arbeiten an wechselnden Arbeitsstätten am vorteilhaftesten.

Da, wie bereits angeführt, zu den meisten größeren Anstricharbeiten auch die Entrostung mit Sandstrahl gehört, ist es nötig, hierfür Sonderanlagen mit großen

Leistungen anzuwenden. Düsen für Sandstrahlarbeiten haben einen Durchmesser von 4—10 mm und arbeiten bei feiner Körnung des Sandes (Flußsand) mit 1—3 at, bei gröberer mit 3—5 at. Der Luftbedarf beträgt je nach der Art der Düse und Druckhöhe 60—400 m³/h.

Abb. 19. Straßenfahrbare Kompressoranlage für Sandstrahl- und Farbspritzarbeiten.

Abb. 19 zeigt eine für Großspritz- oder Sandstrahlarbeiten geeignete straßenfahrbare Anlage mit einem stehenden Zweizylinderkompressor von 180 m³/h Leistung, der von einem unmittelbar gekuppelten Zweizylinderverbrennungsmotor angetrieben wird.

C. Förderung, Verteilung und Auftrag der Anstriche.

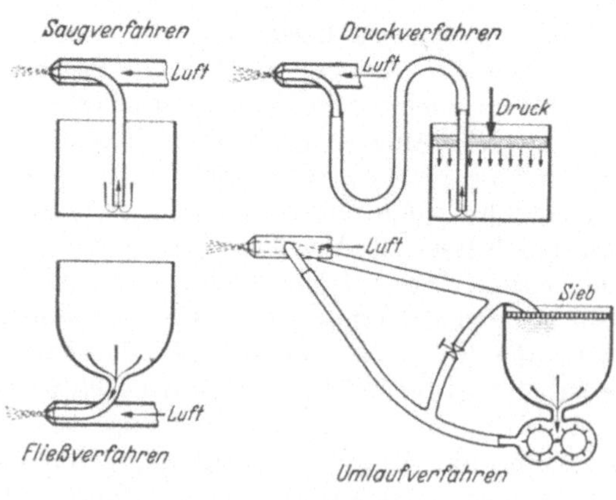

Abb. 20. Anstrichstoff-Förderarten.

21. Die verschiedenen Arten der Farbzuführung. Die Farbzufuhr hat mit der Spannung der Betriebsluft (Hoch- oder Niederdruck) nichts zu tun. Die Art der Farbzufuhr ist für die Leistung und Anstrichstoff-Förderung der Pistole ausschlaggebend. Man unterscheidet Saug-, Fließ-, Druck- und Umluftverfahren (Abb. 20).

Beim *Saugverfahren* wird der Anstrichstoff injektorartig aus dem Anstrichgefäß angesaugt, wobei nur der Druck der äußeren Atmosphäre durch eine kleine Bohrung im Deckel des Sauggefäßes wirksam ist.

Beim *Fließverfahren* fließt der Anstrichstoff durch seine eigene Schwere der Farbdüse zu.

Das *Druckverfahren* beruht darauf, daß der Anstrichstoff der Farbdüse durch den auf die Flüssigkeit wirkenden Preßluftdruck zugedrückt wird.

Das *Umlaufverfahren* verwendet eine Pumpe, die den Farbstoff unter Druck in Umlauf bringt.

22. Das Saugverfahren. Abb. 21 zeigt die Konstruktion einer nach diesem Verfahren arbeitenden Pistole. Luft- und Farbventil werden durch einen Hebel bewegt. Die Preßluft tritt bei *a* in den Kanal, von wo sie ihren Weg zum Luftventil *b* nimmt. Hier wird ihr der weitere Weg versperrt. Wird der Hebel *c* weiter zurückgedrückt, so nimmt der Mitnehmer *d* die durch Federdruck gegen die Farbdüse gepreßte Düsennadel mit, wodurch dann die Farbzufuhr freigegeben ist. Ebenfalls öffnet sich im gleichen Verhältnis das Luftventil *b*, so daß die sich entspannende Luft den an der Farbdüse austretenden Anstrichstoff ansaugt, zerreißt und fein zerstäubt auf das zu bearbeitende Werkstück schleudert. Durch den Hebel *c* können also Luft und Farbe, jedoch abhängig voneinander, fein reguliert werden. Unabhängig von der Farbe wird die Luft durch den Reglerhahn *h* eingestellt. Die Vorbetätigung des

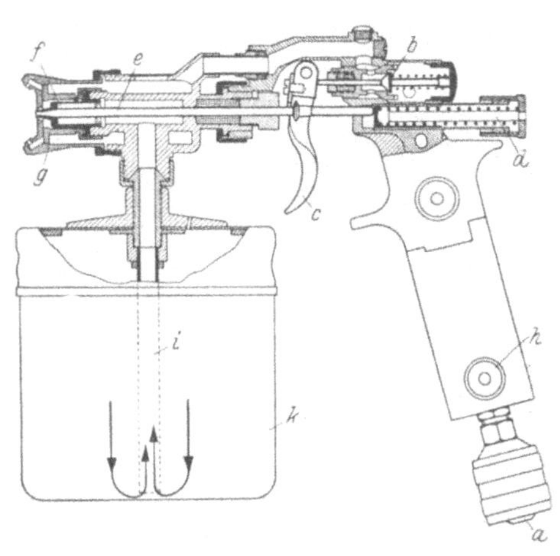

Abb. 21. Hochdruck-Spritzpistole nach dem Saugverfahren arbeitend. *a* Lufteintritt; *b* Luftventil; *c* Luft- und Farbventilabzugshebel; *d* Farbnadelventil; *e* Farbnadel; *f* Farbdüse; *g* Flachstrahlreglerstern; *h* Luftreglerventil; *i* Farbsteigrohr; *k* Saugtopf.

Luftventils (Vorluft) ist für viele Arbeiten, wie später besprochen, sehr notwendig. Die abgebildete Pistole ist mit einem nach unten hängenden Farbbecher versehen, in dem sich das Steigrohr befindet, durch das der Anstrichstoff angesaugt wird. Im Deckel des Behälters muß ein Luftloch sein, durch das der Druck der äußeren Atmosphäre wirken kann.

Eigenheiten des Saugverfahrens: Durch Saugen lassen sich wirtschaftlich nur leichtflüssige Farbstoffe (niedrig viskose) verarbeiten, da bei zähflüssigen (hoch viskosen) der Luftverbrauch in keinem erträglichen Verhältnis zur Leistung steht und außerdem ein sauberes Flächenbild durch das ungünstige Farb-Luft-Mischungsverhältnis nicht zustande kommt. Wasserfarben, Zaponlacke und Spiritusfarben sind durch Saugen gut verarbeitbar und bieten vor allem für den Anfänger in bezug auf Verlaufen (zu sattes Gemisch) keine Schwierigkeiten. Oftmals genügen zur Ausführung einfacher Farbüberzüge auch Pistolen ohne Farbregulierventil, also nur mit einfachstem Luftregulierventil wie in Abb. 22.

Diese Apparate verwendet man vor allem dort, wo man Säuren mittels Zerstäuber auftragen will. Der Anstrichstoffbehälter ist in solchen Fällen aus Glas, während die übrigen, mit Flüssigkeit in Berührung kommenden Teile aus Hartgummi gefertigt werden.

23. Das Fließverfahren. Im Aufbau wie Abb. 21, nur mit dem Unterschied, daß sich hier der Farbbecher oben befindet und das Farbgut somit durch eigene Schwere zur Zerstäuberdüse fließt (Abb. 23). Man spricht daher auch wohl von Schwerverfahren. Der Farbaustritt wird einmal durch das Gewicht der Flüssigkeit beschleunigt und erhält außerdem noch eine Beschleunigungserhöhung durch die entstehende Saugwirkung, die je nach der Höhe des Betriebsdruckes verschieden ist

Bei längerem Arbeiten bedient man sich zur Einsparung von Griffzeiten der Fließtöpfe (Abb. 24), die, wie ersichtlich, etwas erhöht aufgestellt werden, um dadurch eine größere Druckwirkung zu erzielen. Die Abmessungen des zur Anwendung gelangenden Gefäßes richten sich nach der jeweiligen Tagesleistung.

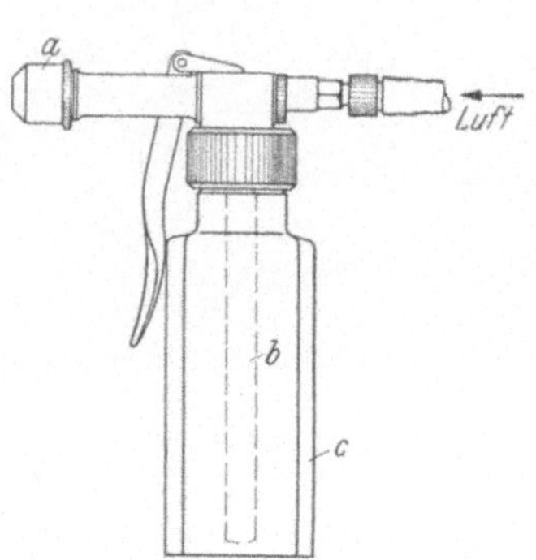

Abb. 22. Einfacher Zerstäuber für Säuren.
a Zerstäuberkopf; *b* Flüssigkeitssteigrohr; *c* Saugbehälter aus Glas.

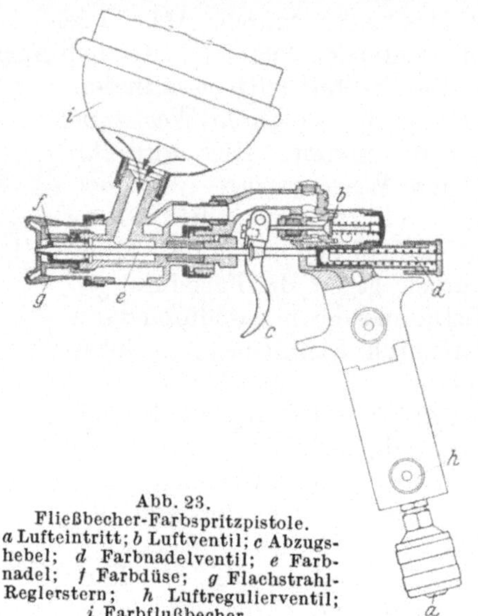

Abb. 23.
Fließbecher-Farbspritzpistole.
a Lufteintritt; *b* Luftventil; *c* Abzugshebel; *d* Farbnadelventil; *e* Farbnadel; *f* Farbdüse; *g* Flachstrahl-Reglerstern; *h* Luftregulierventil; *i* Farbflußbecher.

Eigenheiten des Fließverfahrens: Es wird in Deutschland am meisten angewandt, der

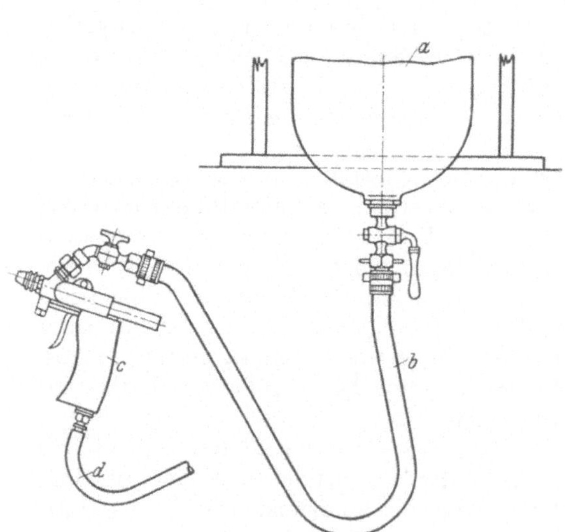

Abb. 24. Gesondert aufgehängter Fließtopf.
a Anstrichstoffbehälter; *b* Anstrichstoffleitung; *c* Spritzpistole; *d* Preßluftanschluß.

größte Teil aller Anstrichstoffe kann damit wirtschaftlich zerstäubt werden, sofern sie einen streichfähigen Zustand haben. Gut

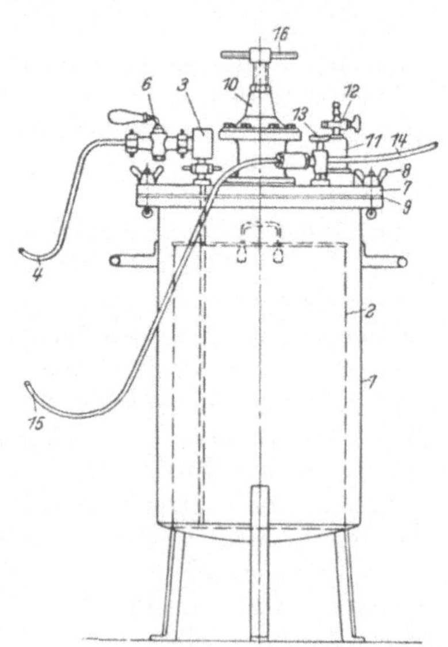

Abb. 25. Farbdruckgefäß mit Stechhahn und Einsatz-Farbbehälter.
1 Druckbehälter; *2* Anstrichstoff-Einsatzgefäß; *3* Farbsteigrohr; *4* Anstrichstoffleitung zur Pistole; *5* Reglerhahn; *7* Gefäßdeckel; *8* Klemmschrauben; *9* Deckeldichtung; *10* Druckminderventil; *11/12* Entlüftungsstück; *13* Preßluftreglerhahn; *14* Luftzuleitung; *15* Spritzluft-Zuleitung; *16* Reglerschraube für Druckminderventil.

verarbeiten lassen sich: Ölfarbe, Asphaltlacke, Emaillelacke, Faktorfarben, Nitrolacke, Rostschutzfarben aller Art.

24. Das Druckverfahren (Abb. 25). Hierbei wird der durch Eigengewicht ausfließende Anstrichstoff durch Zusatzdruck beschleunigt und so zur Zerstäuberdüse geführt. Für die Förderung zur Düse gibt es verschiedene Konstruktionen:

a) Der Saugtopf wird unter Druck gesetzt.

b) Das Fließgefäß wird unter Druck gesetzt.

c) Ein besonderes Gefäß wird zur Förderung vorgesehen und der Anstrichstoff durch Schläuche zur Farbdüse geführt.

Eigenheiten des Druckverfahrens: Es ermöglicht vor allem die Verarbeitung zähflüssiger, ja fast breiiger Massen, da der Anstrichstoff durch die Druckeinwirkung auf alle Fälle zur Düse befördert wird, und der jeweilig zu wählende Zerstäuberdruck dann das übrige tut.

Außerdem ist die Beförderung des Anstrichstoffes bis zu beliebigen Höhen möglich. Gewisse Grenzen soll man jedoch der Wirtschaftlichkeit wegen nicht überschreiten, z. B. bei einem Kompressor für 4 at Betriebsdruck und einem durchschnittlichen spezifischen Gewicht des spritzfertigen Anstrichstoffes von 1,69 nicht über 10 m Höhe gehen. — Ferner kann man dem Anstrichstoff jede gewünschte Beschleunigung erteilen, wodurch ein günstiges Farbluftverhältnis hergestellt werden kann.

Der Druck auf streichfertige Anstrichstoffe betrage 0,2—1,5 at, ohne Berücksichtigung der Förderhöhe. Der Zusatzdruck für diese richtet sich nach dem jeweiligen spezifischen Gewicht der Anstrich stoffe und der zu fördernden Höhe. Es lassen sich außer den unter Saug- und Fließverfahren bereits ausgeführten Anstrichstoffen noch folgende besonders gut verarbeiten: Spachtelmassen, Gipsmassen, flüssige Kitte, Graphit usw.

Für saubere Arbeiten ist Bedingung, daß die Farbschläuche durch den Schlauchreiniger gereinigt werden.

25. Das Umlaufverfahren stellt eine vollkommen neue Art des Druckverfahrens dar. Es besitzt außer den bereits genannten Vorteilen noch folgende:

a) Die Anstrichstoffe sind ständig (auch in Betriebspausen) in Bewegung.

b) Die Anstrichstoffe werden durch ständige Reibung innerhalb des Schlauchsystems auf bestimmte Temperatur gebracht und auf dieser erhalten.

c) Infolge des ständigen Umlaufes werden die Anstrichstoffe gesichtet und gesiebt. Binde- und Lösungsmittel behalten ihr Mischverhältnis bei, so daß der Auftrag gleichmäßig und ein Farbabsatz unmöglich wird.

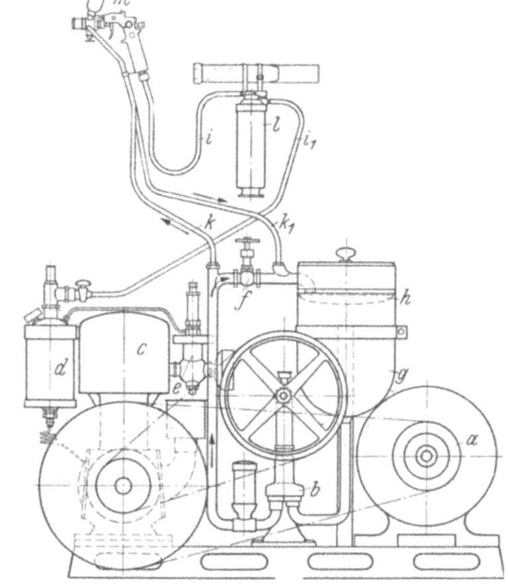

Abb. 26. Farbspritz-Anlage nach dem Umlaufverfahren arbeitend.

a Antriebsmotor; *b* Anstrichstoffpumpe; *c* Luftverdichter; *d* Öl- und Wasserabscheider; *e* Druckregler; *f* Anstrichstoffreglerventil; *g* Anstrichstoffbehälter; *h* Siebeinsatz; *i, i₁* Spritzluftleitung; *k* u. *k₁* Anstrichstoff-Zu- u. Rückleitung; *l* Feinabscheider; *m* Umlaufpistole.

d) Die Geschwindigkeit des Farbumlaufes kann der Konsistenz der Farbe entsprechend ohne größeren Luftverbrauch als bei den anderen Verfahren eingestellt werden, so daß dabei die Austrittsgeschwindigkeit an der Farbdüse nicht beeinflußt wird, was bei anderen Verfahren einen höheren Luftdruck bedingt.

Das Umlaufwerk Abb. 26 besteht aus einem Anstrichstoffbehälter, einer Förderpumpe, dem Zu- und Rücklaufrohr, sowie den Armaturen. Zwischen Vor- und Rücklaufleitung ist ein Regulierventil angeordnet, durch das je nach Anstrichstoffverbrauch an der Düse der Umlaufdruck geregelt werden kann. Bei geringem Verbrauch geht also nur ein kleiner Teil zur Pistole, während die Hauptmasse innerhalb der kurzen Strecken ständig umläuft.

Die Konstruktion der Pistole zu diesem Verfahren geht aus Abb. 27 u. 27a hervor. Die Anordnung des Farb- und Luftventils ist die gleiche wie bei den ähnlichen Pistolen, nur für die Farbzuführung sind zwei Rohre am Mittelstück der Pistole vorgesehen, die miteinander durch eine Ventilkammer verbunden sind.

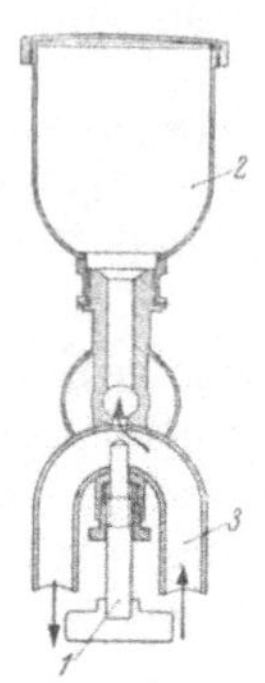

Abb. 27. Umlauf-Pistole.
1 Anstrichstoff-Feinreglerschraube.
2 Ausgleichstopf; 3 Anstrichstoff
Vor- und Rückleitung.

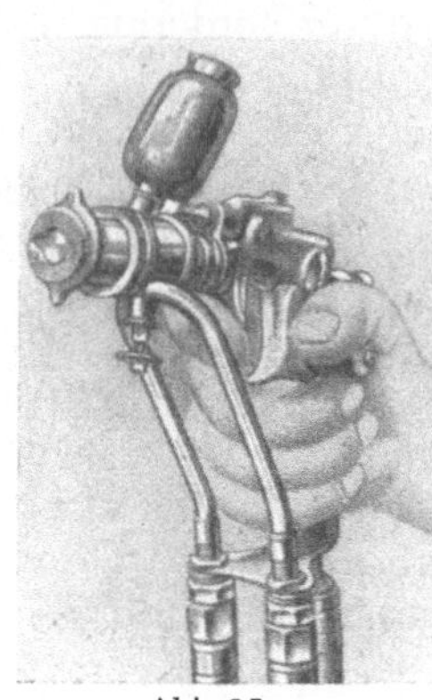

Abb. 27a.
Umlaufspritzpistole.

Nach diesem Verfahren lassen sich außer den bereits unter den anderen Verfahren angegebenen Anstrichstoffen besonders auch strengflüssige, wie Teer, Schmelzemaille, Glasuren usw. verarbeiten.

D. Verflüssigen und Flüssighalten der Anstrichstoffe.

26. Heizbare Drucktöpfe. Es gibt viele Farben und Lacke, die sich nur durch Zusatz von viel Verdünnungsmitteln spritzen lassen. Durch Anwärmen der Farben oder Lacke lassen sich diese Mittel zum Teil umgehen. Knetbare Stoffe, wie Wachs, Paraffin, Asphalt, Pech u. a. m. lassen sich nur spritzen, wenn sie durch höhere Temperatur flüssig gemacht werden. Das Erwärmen der Anstrichstoffe und der Luft bietet dabei zugleich den Vorteil, daß der Anstrichstoff rascher trocknet und der Lack auf dem Untergrund nicht verläuft.

Zur Luft- und Lackvorwärmung dienen besondere Einrichtungen (Abb. 28) die sich in ihrem Aufbau nur dadurch von den gewöhnlichen Drucktöpfen unterscheiden, daß sie aus Gußeisen bestehen, also im allgemeinen nicht für Drücke über 2 at bestimmt sind. Da der Anstrichstoff im erwärmten Zustande nur auf kurze Strecken (rund 1,5—2 m) gefördert wird und durch die Erwärmung die Viskosität bedeutend herabgesetzt ist, sind höhere Drücke auch nicht nötig. Die Töpfe werden zweifach mittelbar geheizt: einmal wirkt das Heizmittel mittelbar (durch

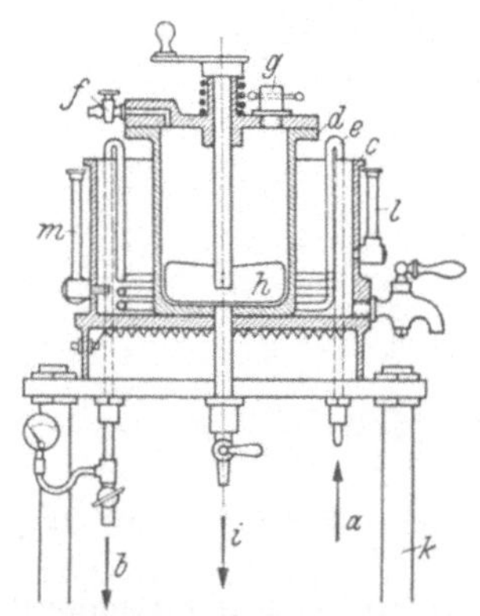

Abb. 28. Dampfbeheiztes Anstrichstoff-
Druckgefäß.
a Dampfeintritt; b Dampfaustritt;
c Wasserbehälter; d Anstrichstoffbehälter; e Dampfschlange; f Druckluftanschluß; g Einfüllverschluß; h Rührrad; i Anstrichstoffaustritt; k Ständer;
Wasserstandsglas; m Thermometer.

Zwischenwände) und außerdem ist der Anstrichstoff, der sich ebenfalls wieder in einem getrennten Gefäß befindet, von Wasser umgeben, das seine Wärme an den Gefäßinhalt abgibt.

Das Heizmittel, das vom Boden des Gefäßes her wirkt, ist meist Elektrizität. Der Stromverbrauch beträgt rund 1,8—2,8 kW. Die Temperatur des das Anstrichmittel umgebenden Wassers soll 60° betragen. Zur Erreichung einer überall gleichmäßigen Temperatur des Anstrichstoffes sind die heizbaren Drucktöpfe mit handbetätigtem Rührwerk versehen, das die Anstrichstoffe untereinander mischt.

Sofern mit Dampf geheizt wird, soll eine Spannung möglichst 2 at nicht überschreiten und sich nicht ändern, damit die Temperatur gleich bleibt. Von Gasbeheizung sieht man wegen der Entzündungsgefahr des beim Spritzen entstehenden Dampfluftgemisches möglichst ab.

Zur Vermeidung von Wärmeverlusten sind Luft- und Anstrichstoffleitungen kurz zu halten. Der Spritzapparat muß im Luftventil so eingestellt sein, daß er ständig Luft durchläßt: Vorlufteinstellung, damit die heiße Luft den Apparat mit erwärmt, um dann, was bei der Verarbeitung von heißen Lacken sehr wichtig ist, auch wirklich heiß aus dem Zerstäuberkopf zu treten.

27. Elektrisch heizbare Apparate. Handelt es sich um die Verarbeitung von kleinen Anstrichstoffmengen, so wendet man Apparate an, bei denen nur der Luftstrom ständig heiß gehalten wird, während man das Anstrichmittel warm in den Behälter bringt. Abb. 29 stellt einen solchen dar. Der Apparat wird an die Licht-

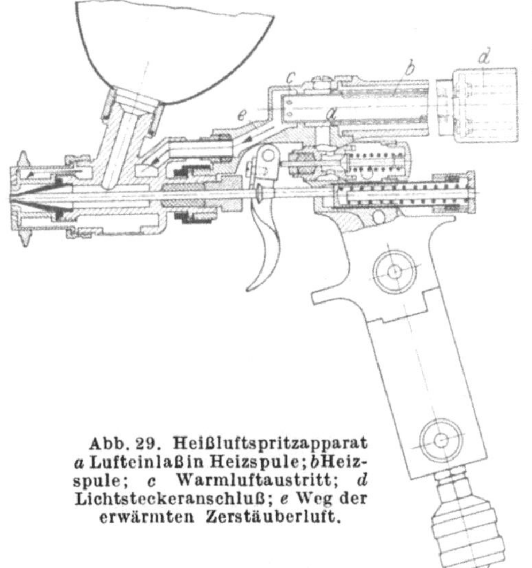

Abb. 29. Heißluftspritzapparat *a* Lufteinlaß in Heizspule; *b* Heizspule; *c* Warmluftaustritt; *d* Lichtsteckeranschluß; *e* Weg der erwärmten Zerstäuberluft.

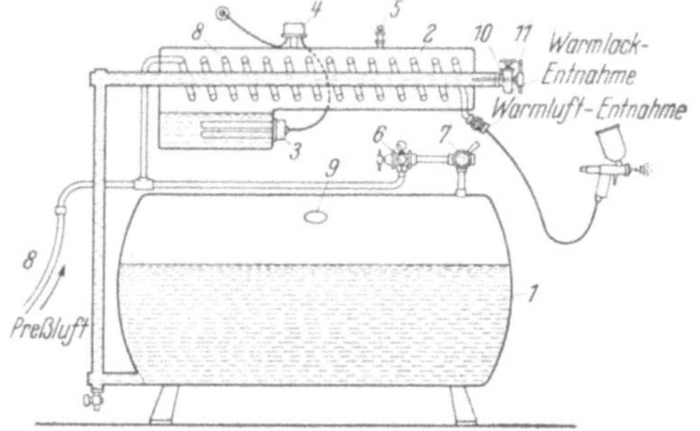

Abb. 30. Heißlackgerät für Nitro- und Kunstharzlack. *1* Lackbehälter; *2* Dampfdom; *3* Tauchsieder; *4* Elektrischer Anschluß u. Schaltung; *5* Sicherheitsventil; *6* Reglerventil für Druck auf Farbe. *7* Absperrhahn; *8* Preßluftschlange; *9* Einfüllöffnung; *10* Absperrhahn; *11* Thermometer.

leitung angeschlossen. Durch Zwischenschaltung eines Widerstandes kann die Temperatur beliebig eingestellt werden. In der Regel tritt die erwärmte Luft mit rund 40° aus der Zerstäuberdüse, wofür 0,23—0,25 kW benötigt werden. Da sich bei Erwärmung des Anstrichstoffes viel Dämpfe bilden, ist Vorsicht geboten: man erwärme das Anstrichmittel stets mittelbar, also in Wasser, bei verdeckter Flamme.

Eine weitere neue Art, vor allem Zelluloselacke heiß zu verarbeiten, stellt die Apparatur nach Abb. 30 dar. Es ist gewissermaßen eine vergrößerte Heißluftspritzpistole, mit der größere Lackmengen ununterbrochen verarbeitet werden können. Der im Behälter *1* befindliche Nitrolack wird unter Druck gesetzt. Der Luftdruck wird durch das Reglerventil *6* dem Mengenverbrauch entsprechend eingestellt und die Anstrichstoffleitung, welche von einem Dampfdom *2* umgeben ist, erwärmt. Das den Dampf liefernde Wasser wird in einer Wanne durch einen elektrischen Tauchsieder *3* auf Siedetemperatur gebracht. In dem Dampfdom befindet sich eine Rohrschlange *8*, durch welche warme Preßluft strömt. Der erwärmte Lack wird bei *10* entnommen. Das Gerät kann für Fließ- und Druckverfahren verwendet werden. Vorteile liegen in der Lösungs- und Verdünnungsmittelersparnis, Erzielung jeder gewünschten Filmstärke, Verwendung von Nitrolacken aus höherer viskoser Kollodiumwolle.

28. Rührvorrichtungen für Fließdrucktöpfe. Viele Anstrichmittel neigen dazu, sich im Ruhezustand am Boden des Gefäßes abzusetzen, wodurch eine Veränderung der Viskosität eintritt, die Zeit und Güte des Anstriches beeinträchtigt. Dem tritt man durch Rührvorrichtungen entgegen, die gemäß Abb. 31 und verschiedenartig ausgebildet sein können. Am besten arbeitet man hier mit Kreislaufanlagen.

29. Kreislaufanlage[1]. Bei einer neuen Förderart Abb. 32 werden die Nachteile des Druckgefäßes beseitigt und die Vorteile des Umlaufs für den Betrieb günstiger gestaltet. Beim Druckgefäß kann man während des Betriebes keinen Anstrichstoff nachfüllen. Außerdem ist das Abschrauben des luftdicht verschlossenen Deckels lästig und zeitraubend und das Gefäß, das ja für einen Betriebsdruck von 3 at und mehr berechnet ist, schon ohne Füllung recht schwer. Bei Förderung auf größere Höhen muß ferner ein unwirtschaftlich hoher Preßluftdruck erzeugt

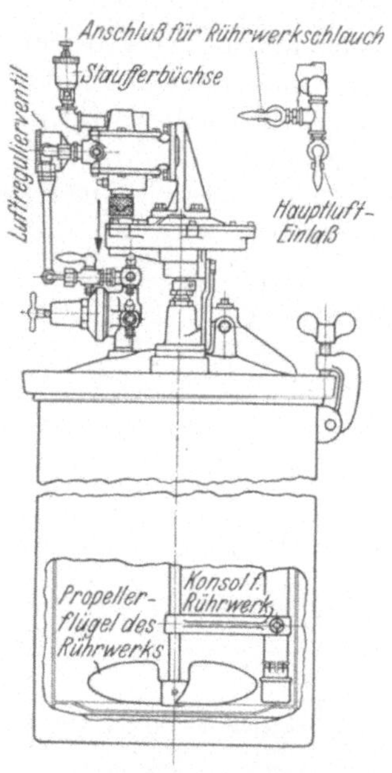

Abb. 31.
Farbdruckgefäß mit Preßluftrührwerk.

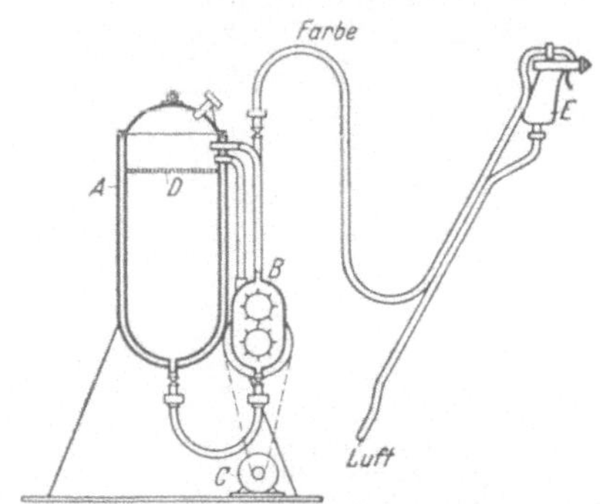

Abb. 32. Kreislaufanlage (KLOSE).
A doppelwandiger Farbkessel; *B* Farbkreislaufpumpe; *C* Preßluftantriebsmotor; *D* Farbsieb; *E* Spritzpistole.

werden. Beim Umluftverfahren bedeutet der dritte Schlauch eine unangenehme Gewichtsbelastung und eine besondere Pistole ist nötig. Das neue Verfahren hält nun genau wie das Umlaufverfahren den Anstrichstoff ständig in Bewegung und bringt nur soviel Farbe zur Pistole, wie gebraucht wird. Außerdem wird der Anstrichstoff unter stets gleichbleibendem Druck der Düse zugeführt, da bei höherem Druck ein Überdruckventil den überflüssigen Stoff zum Farbrühr- und Pumpwerk fördert. Bei Arbeitsunterbrechungen wird die Luft an der Pistole abgestellt und der Pistolenabzughahn verriegelt. Der nun ständig aus der Pistole fließende Strahl wird in den Farbkessel geleitet. Jede Pistole kann an dieses Farbförderwerk angeschlossen

---

[1] Patent KLOSE.

werden. Als Zusätze sind nur ein Luftabsperrhahn und die Verriegelung der Pistole nötig. Stoffe, die höhere Temperaturen zur Verarbeitung erfordern, werden außerdem durch einen elektrischen Tauchsieder in einem Wasserbad flüssig gemacht. Zur Verhütung von Wärmeverlusten erhält das Farbgefäß doppelte Wände.

E. Strahlarten und Spritzpistolen.

Von ihnen hängt der Luftverbrauch (m³/h) sowie die Leistung der Pistole (m²/h) und der Endeffekt der Lackierung ab. So wie man in der früheren Streichtechnik den verschiedenen Anstrichstoffen und Arbeitsausführungen entsprechend verschiedenartig geformte Pinsel hatte, hat man in der Farbspritztechnik verschiedene Strahlarten. Man unterscheidet:

a) Ringstrahl,
b) Rundstrahl bzw. Spitzstrahl,
c) Flach- bzw. Breitstrahl,
d) Dreh- bzw. Dreostrahl.

Die Verschiedenartigkeit des Strahles hängt mit der Luftzuführung in den Düsenköpfen zusammen.

30. Ringstrahl. Abb. 33 zeigt die schematische Darstellung eines Ringstrahl-Strahlabdruckes. Hier wird vom austretenden Strahl nur eine Ringfläche bedeckt. Die Konstruktion des Kopfes geht aus Abb. 34 hervor. Die gesonderte Zuführung

Abb. 33. Ringstrahl.

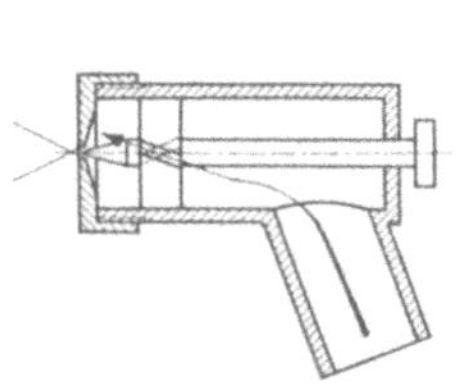

Abb. 34. Ringstrahl-Düsenkopf.

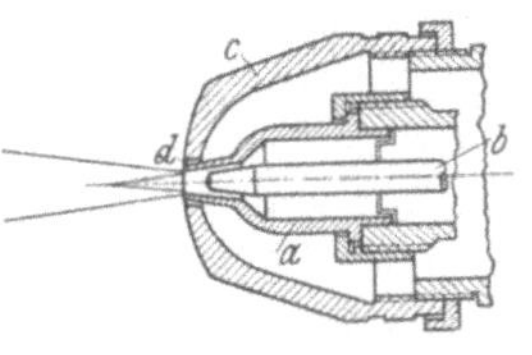

Abb. 35. Rundstrahl-Düsenkopf. *a* Farbdüse; *b* Farbnadel; *c* Luftkopfkappe; *d* Strahlbildender Luftspaltquerschnitt.

von Luft und Farbe fällt hier fort, so daß man bei dieser Art von Zerstäubern nur von einer unter Druck stehenden Flüssigkeit reden kann. Diese Strahlart spielt keine bedeutende Rolle in der Spritztechnik und wird nur bei ganz untergeordneten Anstrichen verwendet; auch lassen sich nur ganz dünnflüssige Anstrichstoffe mit ihr auftragen.

31. Rundstrahl und Spitzstrahl. Abb. 35 veranschaulicht einen Rundstrahldüsenkopf. Luft kommt in der angegebenen Pfeilrichtung, umspült die Farbdüse und tritt aus dem Luftspaltquerschnitt aus, wo sie sich als geschlossener Farbkegel entspannt.

Abb. 36 zeigt das wirkliche Arbeitsbild des Rundstrahles. Es läßt erkennen, in welcher Entfernung und Feinheit sich noch Farbkörperchen um den

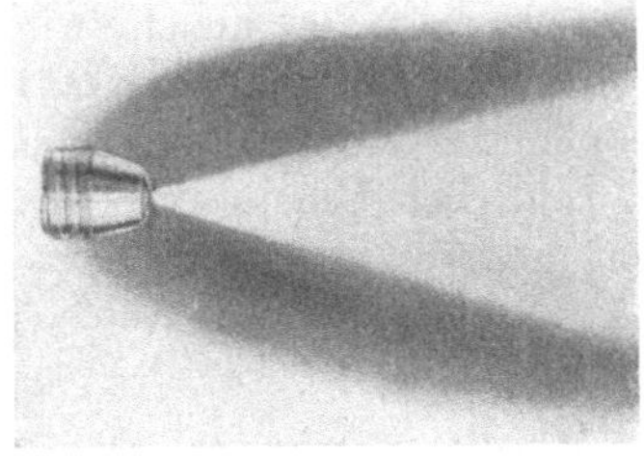

Abb. 36. Ausbildung des Rundstrahles.

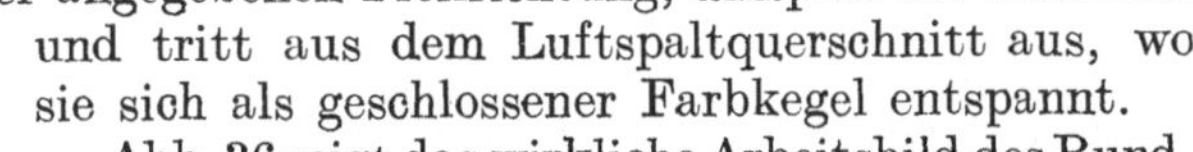

Abb. 37. Ausbildung des Spitzstrahles.

eigentlichen Kern lagern. Je kleiner die Düsenbohrung und der Luftspalt, um so geringer ist bei richtiger Arbeitsdruckhöhe die Streuung. Die Anwendung dieser Strahlart ist unbegrenzt; ihre wirtschaftliche Ausnutzung richtet sich ganz nach der Art der zu bearbeitenden Werkstücke. Der *Spitzstrahl* unterscheidet sich vom Rundstrahl nur dadurch, daß er sich in seinem Verlaufe wieder zuspitzt. Die Entstehung der Spitze erklärt sich aus Abb. 37. Die Düsenkopfkonstruktion ist die gleiche wie beim Rundstrahlkopf, nur die Farbdüsennadel weist in ihrer Längsachse eine Bohrung auf, durch die ebenfalls Preßluft gejagt wird. Der austretende Zusatzstrahl übt eine Saugwirkung auf den Farbkern aus, der sich dadurch zusammenzieht.

Der Spitzstrahl eignet sich besonders gut zum Ausfüllen von Ecken und Winkeln, in denen sich bei einer anderen Strahlart leicht Anstrichstoff anhäuft.

32. Flachstrahl (Abb. 38). Die Konstruktion des Flachstrahlkopfes unterscheidet sich von der des Rundstrahlkopfes durch die anders ausgeführte Luftkappe, die

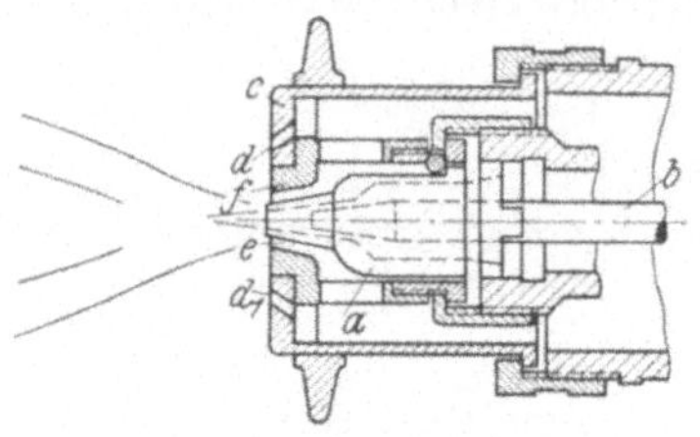

Abb. 38. Konstruktion des Flachstrahldüsenkopfes.
a Farbdüse; *b* Farbnadel; *c* Luftkopfkappe; *d* u. d_1 Seitenluftbohrungen; *e* Strahlbildender Luftspaltquerschnitt; *f* Reglerstern für Seitenluft.

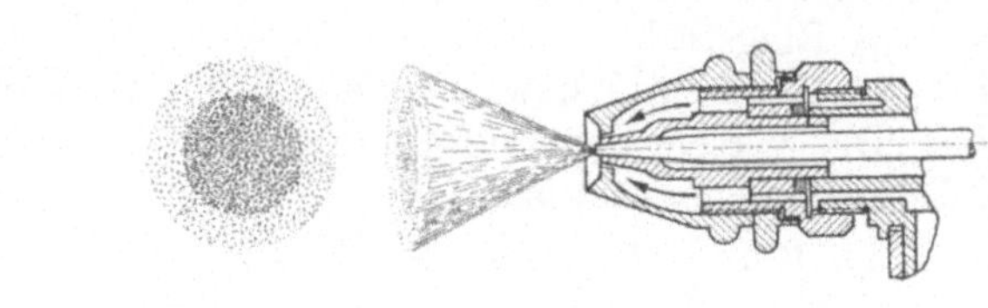

Abb. 39a.

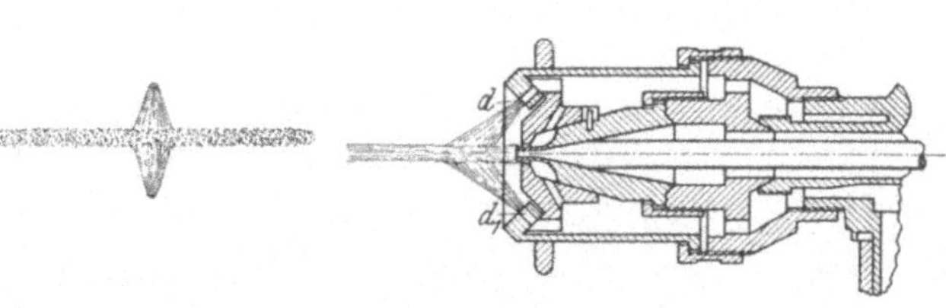

Abb. 39c.   Abb. 39b.

Abb. 39 a. Entstehung des Rundstrahles.
Abb. 39 b. Entstehung des Flachstrahles aus dem Rundstrahl.
d u. d_1 Seitenluftbohrungen.
Abb. 39 c. Der durch Seitenluft breitgedrückte Rundstrahl, welcher den Flachstrahl ergibt.

hier bedeutend größer ist, da in ihr noch ein Reglerstern sitzen muß. Außerdem sind in ihr nochmals zwei Schrägbohrungen, durch die Preßluft strömt, die den Flachstrahl erzeugt. Nähere Erklärung darüber gibt Abb. 39.

Der Rundstrahlkegel wird wie sonst gebildet und tritt als solcher aus (Abb. 39a). Durch die in Abb. 39b aus den engen Schrägbohrungen d und d_1 entströmende Luft wird er aber zu einer Ellipse zusammengepreßt, so daß ein Strahlbild nach Abb. 39c entsteht. Der Flächeninhalt der Ellipse ist also der gleiche wie der des aus dem Rundstrahl entstehenden Kreises. Wie sich das Bild bei Umstellung des Rund- auf Flachstrahl in Wirklichkeit ändert, geht aus Abb. 40 hervor.

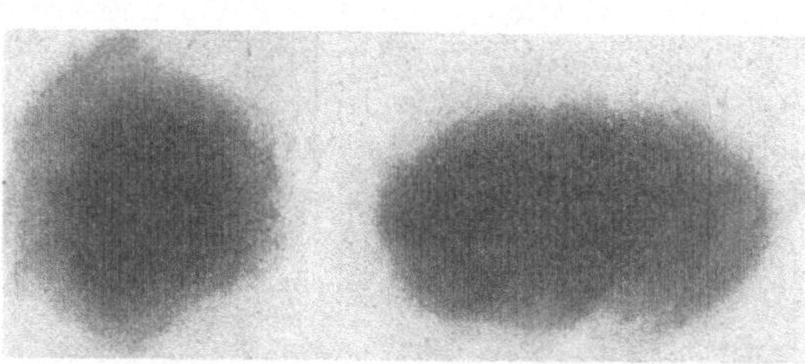

Abb. 40. Strahlabdruck des Rund- und Flachstrahles.

Der Flachstrahl eignet sich besonders zur Bearbeitung größerer Flächen.

33. Drehstrahl (Abb. 41). Der Drehstrahl entsteht durch Drallnuten auf der Farbdüse, durch die die Zerstäubungsluft gepreßt wird. Die Luftkappe *c* sitzt in diesem Falle unmittelbar auf der Farbdüse, so daß dem Luftspalt beim Rundstrahl hier die Drallnuten entsprechen. Der Strahl Abb. 42 bekommt dadurch eine drehende Bewegung und infolgedessen an seinen äußeren Begrenzungslinien eine größere Füllkraft.

34. Dreostrahl (Abb. 43). Hier tritt die gleiche Erscheinung auf wie beim Rund-
und Flachstrahl; durch Schrägbohrungen — in diesem Falle aber je zwei — wird
der eigentliche Strahl
nochmals breit gedrückt.
Auch die Farbdüsennadel
ist hier nochmals wie
beim Spitzstrahl durch-
bohrt. Der austretende
Strahl wird nach Abb. 44
fächerartig. Er verteilt
den Stoff besonders gut
und eignet sich in erster
Linie zur Bearbeitung
von Flächen mit rauhem
oder narbigem Unter-
grund.

**35. Der Luftverbrauch
der Apparate** ist abhän-
gig von der Farbdüsen-
bohrung (Luftspalt von
Außen- $\varnothing$ Farbdüse und
Luftkopfbohrung), der
Strahlart und dem zur
Zerstäubung nötigen Ar-
beitsdruck. In Abb. 45/46
ist der Luftverbrauch einiger der gebräuchlichsten
Düsendurchmesser und

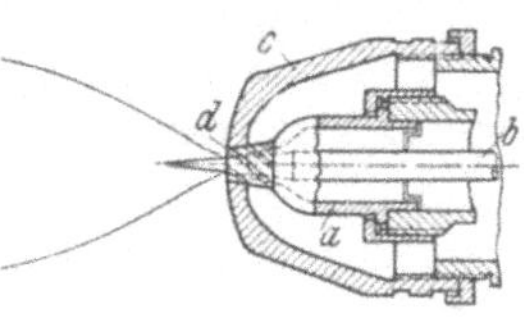

Abb. 41. Drehstrahl-Düsenkopf.
a Farbdüse; *b* Farbnadel; *c* Luftkopfkappe; *d* Drallnuten, den
Drehstrahl bildend.

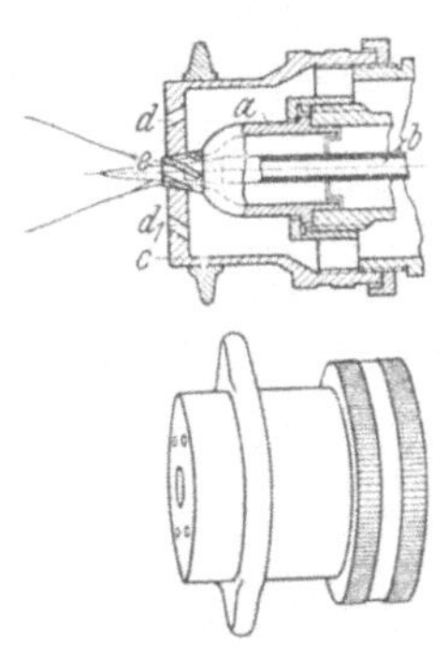

Abb. 43. Dreostrahldüsenkopf.
a Farbdüse; *b* Durchbohrte Düsennadel; *c* Luftkopfkappe; *d* u.
d_1 Seitenluftbohrungen; *e* Drallnuten.

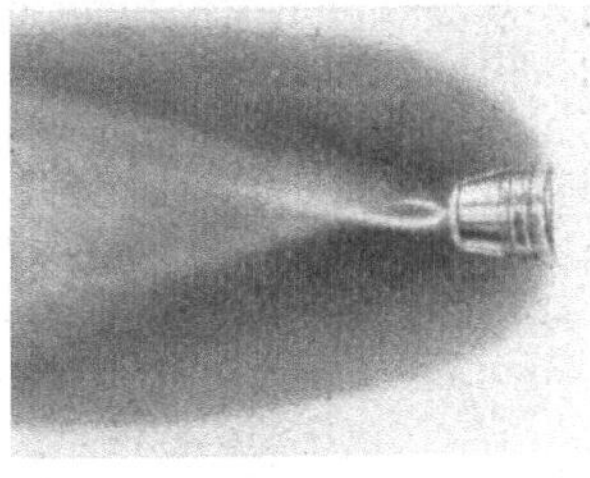

Abb. 42.
Strahlwirkung des Drehstrahles.

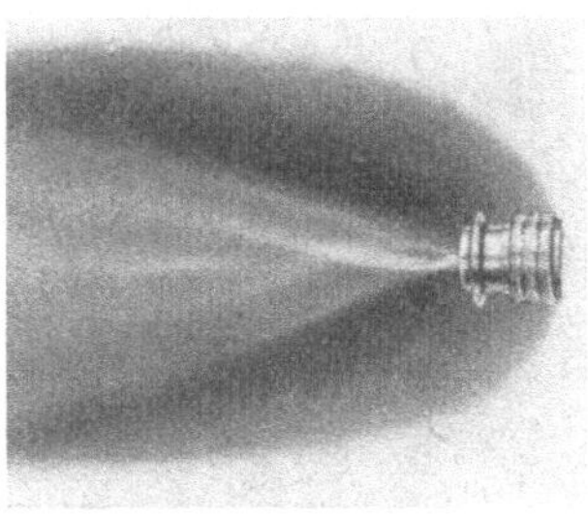

Abb. 44.
Strahlwirkung des Dreo-Strahles.

Strahlarten dargestellt. Auf der Senkrechten links sind die Betriebsdrücke in at
aufgetragen, auf der Waagerechten der Luftverbrauch in m⁸/h. Ein Flachstrahl
braucht mehr Luft als ein Rundstrahl.

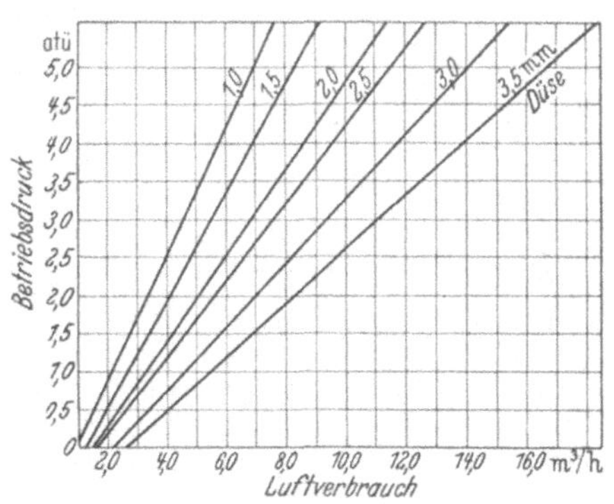

Abb. 45. Durchgang freier Luft bei Rundstrahldüsen
1 bis 3,5 mm $\varnothing$; Luftzustand bei 15° C 750 mm Q-S.

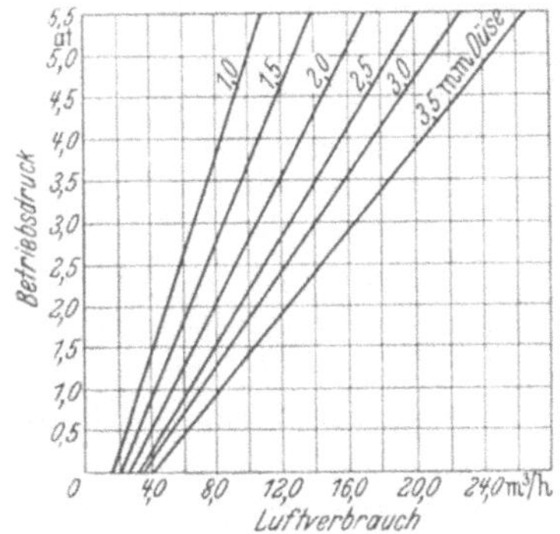

Abb. 46. Durchgang freier Luft bei Flach-
strahldüsen.
1 bis 3,5 mm $\varnothing$; Luftzustand 15° C 760 mm Q-S.

Für einen Dreh- oder Dreostrahl sind auf die ermittelten Werte des Luftver-
brauchs eines Rundstrahles gleicher Düsenbohrung noch folgende Zuschläge zu
machen: für den Drehstrahl rund 20%, für den Dreostrahl rund 58%. Der Vor-

luftverbrauch der Apparate ist beim Zurückdrücken des Hebels bis zur Mitnahme
der Farbdüsennadel genau so hoch wie der Luftverbrauch während der Arbeits-
ausführung.

36. Gleichstrahlnebelarme Pistole (Patent KLOSE). Den üblichen Pistolen haf-
ten die Mängel an, daß durch die bisherige Ausbildung von Luft- und Farbdüse bei
Inbetriebnahme des Gerätes eine plötzliche Anstrichstoffüberhäufung eintritt. Um
beim Spritzen ein Ablaufen der Farbe vom Gegenstand zu vermeiden, muß der
Abstand vom Werkstück zur Pistole groß gehalten werden, auch die ungleichmäßige Anstrichstoffverteilung im Farbstrahl wirkt sich nachteilig auf die gespritzte
Fläche aus.

Die Spritzstoffverteilung ist eine so ungleichmäßige, daß zur Erreichung einer
gleichmäßig erscheinenden Fläche viel Spritzbahnen nebeneinander gelegt werden
müssen, wobei immer die Gefahr besteht, daß die nebeneinander geschichteten
Spritzstoffbahnen infolge Anstrichstoffüberhäufung abzurutschen beginnen. Durch

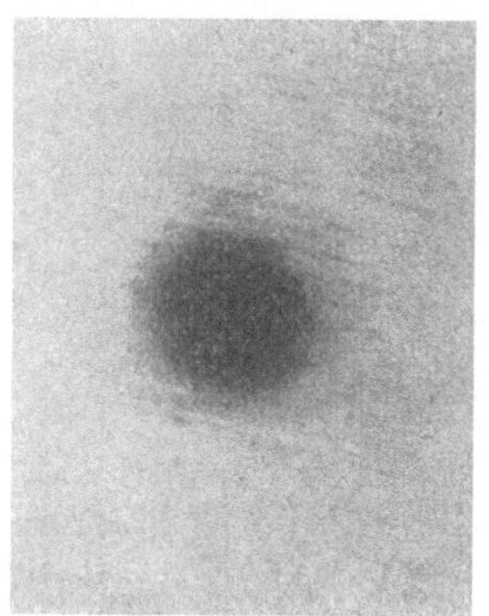
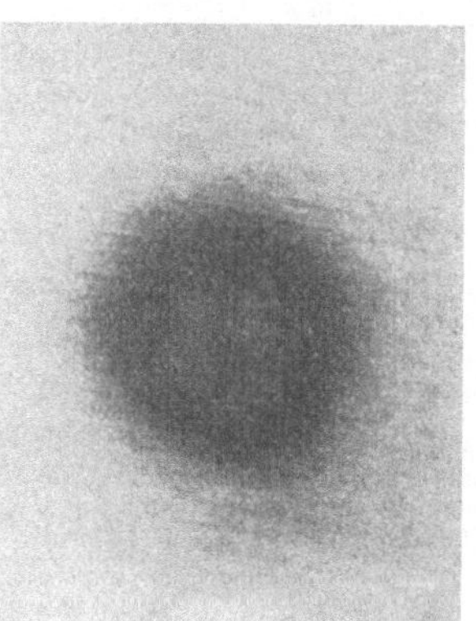
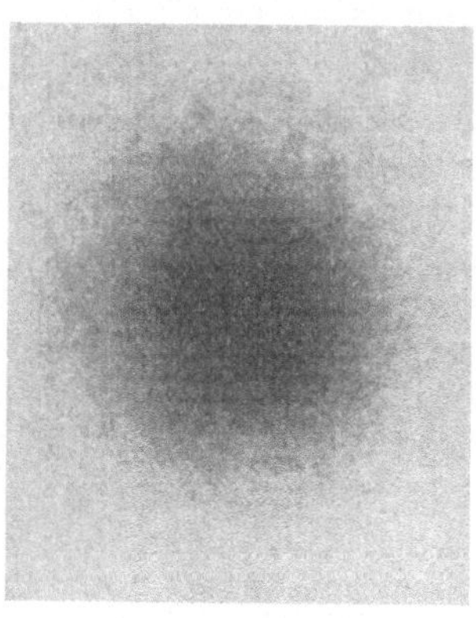

Abb. 47. Strahlabdruck,   Abb. 48. Strahlabdruck der   Abb. 49. Strahlabdruck,
  gewöhnliche Düse.   Gleichstrahlnebelarmen Pistole.   Klose-Düse.
                                     Patent KLOSE.

den großen Abstand zwischen Spritzpistole und Gegenstand wird aber die Nebelbildung und der Farbverlust stark vergrößert, da sich auf dem Wege von der Spritzdüse bis zur Fläche immer mehr Farbteilchen abspalten. Die Gleichstrahlnebelarme Pistole hat diese Mängel beseitigt. Sie besteht aus einer die Luftdüse um-
schließende Kappe, einem die Farbdüse tragenden, saugnapfartig ausgebildeten
Düsenkörper und einem Nadelventil. Durch diese Ausbildung des Düsenkörpers
werden Druckverluste und nebelbildende Wirbelströme vermieden. Infolge der
rüsselartigen Ausbildung des Düsenkörpers wird die zu zerstäubende Farbe gleichmäßig an der schwachgewölbten Fläche hochgesaugt und dann vom Luftstrahl mit-
gerissen. Dadurch ist die Farbe gleichmäßig im Strahl verteilt und eine Farbstoff-
überhäufung vermieden; der Arbeitsabstand von Spritzdüse zur Fläche ist somit
gering und ein nebelfreies Arbeiten ermöglicht.

Bei der alten Konstruktion ist ein Arbeiten mit kurzem Abstand von der Düse
zur Fläche nicht möglich, da die in den Strahl hineinragende Farbzunge sofort eine
Spritzstoffüberhäufung und Weglaufen der Farbe verursacht, während nach der
„KLOSE-Pistole" die Farbe vom Austritt aus der Farbdüse an gleichmäßig im
Strahl verteilt und ein Arbeiten in kürzester Entfernung vor der Düse möglich ist.

Das Größenverhältnis des Strahlabdruckes bei gleicher Düsenbohrung sowie
gleichem Düsenabstand zeigen Abb. 47 für die gewöhnliche, Abb. 48 u. 49 für

die KLOSE-Pistole. Dabei sind in Abb. 49 auch in der Mitte noch deutlich die Papierrippen, auf welche gespritzt wurde, zu erkennen, also findet keine Stoffanhäufung statt.

37. Nebelarme Pistole (Knorr-Bremse). Die Hauptsache der Nebelbildung beim Hochdruckspritzverfahren sind die frühzeitig sich vom Hauptfarbkern abspaltenden Tröpfchen. Je höher der Zerstäubungsdruck ist, desto größer ist die Anzahl der Tröpfchen und desto kleiner ihr Durchmesser und die ihnen innewohnende Energie, sich bis zur Spritzfläche zu bewegen. Die feine Zerstäubung ist aber andererseits sehr erwünscht, da kleinste Farbtröpfchen den ebensten Farbfilm ergeben.

Nach den neuesten Forschungen[1] teilt sich der Strahl kurz vor Erreichen der anzuspritzenden Fläche kreisförmig nach allen Seiten. Nur die im inneren Kegel befindlichen Tropfen erreichen die Fläche, während die außerhalb befindlichen infolge geringer Energie durch ablenkende Luftströme seitlich als Nebel und Farbstaub in den Raum gehen.

Schon vor diesen Untersuchungen wurde von verschiedenen Herstellern der Versuch gemacht, den austretenden Farbstrahl durch einen Luftmantel geringer Spannung zu umhüllen. Die Geschwindigkeit des ausströmenden Luftmantels war jedoch dort, wo seine Spannung hätte wirken müssen, bereits so gering, daß sie die abgespülten Tröpfchen nicht abzulenken vermochte.

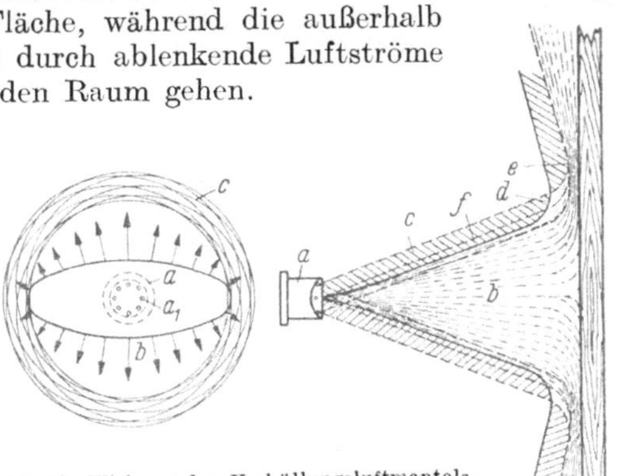

Danach umgab man den austretenden Farbstrahl mit einer Anzahl von Strahlenbündchen, die, wie Abb. 50 zeigt, so angeordnet sind, daß ein Luftmantel c entsteht.

Abb. 50. Wirkung des Umhüllungsluftmantels, der den abfließenden Farbstrahl eindämmt und die sich vom Hauptstrahl abspaltenden Farbtröpfchen aufnimmt und zur Fläche ablenkt. a Düsenkopf; a_1 Austrittsöffnungen der Umhüllungsluft; b Umgrenzungsverlauf des Flachstrahles; c Luftumhüllungsmantel; d bisheriger Umkehrbeginn des abfließenden Strahles; e jetziger Beginn des abfließenden Strahles; f Beginn der Abspaltung der die starke Nebelbildung verursachenden Farbtröpfchen.

Die sonst abgespülten Tröpfchen erhalten nochmals eine zur Fläche gerichtete Strömungsgeschwindigkeit und der Umlenkungspunkt wird vorverlegt, wodurch die abfließende Farb- und Nebelmenge eingeengt wird.

Die Pistole ist ausgebildet wie die üblichen Hochdruckpistolen, abgesehen von der Luftkopfklappe. Diese ist mit acht auf den Umfang verteilten Bohrungen versehen, durch die die Luft für den Luftmantel strömt.

Versuche wurden zur Ermittlung der Nebelmenge, des Luft- und Farbverbrauches und der Düsengeschwindigkeit durchgeführt und Strahlenbilder in verschiedenen Arbeitsentfernungen gemacht. Aus den Strahlenbildern sollte ermittelt werden, ob durch die Luftstrahlenbündel eine Verzerrung des Arbeitskegels eintritt. Zur Gegenüberstellung wurde eine Pistole sonst gleicher Bauart und gleicher Farbdüsenbohrung verwendet.

Abb. 51 zeigt die Versuchsanordnung zur Ermittlung der Nebelmenge. Bei feststehender, an einer Vorrichtung befestigter Pistole wurde gegen eine im rechten Winkel zur Düsenachse stehende senkrechte Platte gespritzt. Die Pistole arbeitet entweder nur mit Rund- oder nur mit Flachstrahl. Ein Umstellen von Rund- auf Flachstrahl ist zur Zeit nicht zu erreichen. Die Verstellung des Flachstrahles ist

---

[1] Hefte des Fachausschusses für Anstrichtechnik, Heft 15.

aber möglich. Für den Versuch wurde der stärker nebelnde Flachstrahl gewählt. Der abströmende Farbnebel wurde in einer Entfernung von 500 mm durch eine dünne Watteschicht am Kopf eines Saugtrichters hindurchgesaugt. Die Sauggeschwindigkeit betrug nur 0,015 m/s, so daß die Saugwirkung die Richtung des abströmenden Farbnebels nicht beeinflussen konnte. Der Durchmesser des Saugtrichters betrug 180 mm. Zur besseren Wiedergabe im Lichtbild wurde die Vorderseite der Watteschicht mit Stoffstreifen bezogen, die nach dem Versuch wieder entfernt wurden und weiße Streifen auf der Kreisfläche hinterließen. Durch diese Anordnung konnte man also die Nebelmenge so-

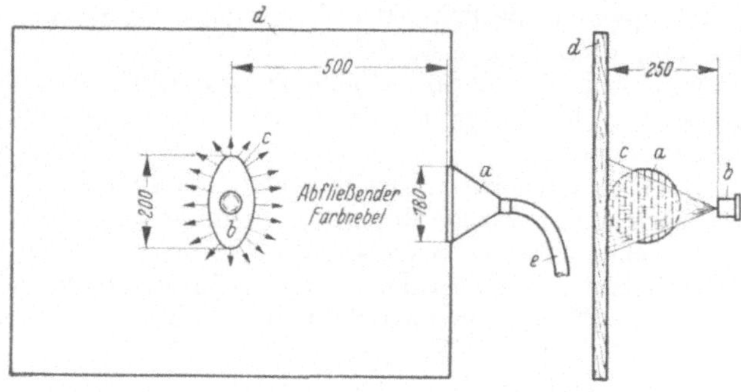

Abb. 51. Versuchsanordnung der Nebelauffangvorrichtung.
a Saugtrichter; b Düsenkopf; c Arbeitskegel des Flachstrahles; d Blechplatte; e Ansaugleitung.

wohl mengenmäßig als auch bildmäßig festhalten. Der Versuch ergab, daß die Nebelmenge bei dem neuen Verfahren um rund 68 % geringer war. (Abb. 52 u. 53.)

Abb. 52. Alte Pistole.

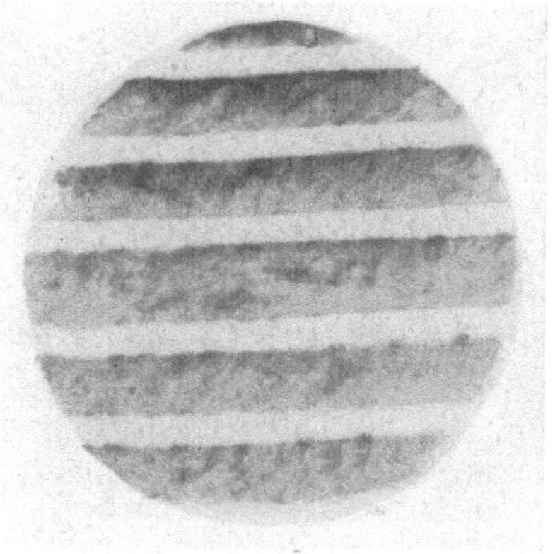

Abb. 53. Neue, nebelarme Pistole.

Abb. 52 u. 53. Die bei einer Sauggeschwindigkeit von 0,015 m/s in 43,5 l in der Spritzluft enthaltene Nebelmenge. Ansaugezeit 0,25 min; Betriebsdruck 3 atü; Ölfarbe rotbraun, spez. Gew. 1,47; Viskosität 73 g/10 s.

38. Heißspritzverfahren (nach PAHL). Nach diesem Verfahren werden eingedickte Farben (Standölfarben) durch Erwärmen geschmolzen und in diesem Zustande unter Schutz einer Flamme auf die Bearbeitungsfläche gebracht. Die zur Verarbeitung bestimmten Anstrichstoffe werden also nicht mehr wie bisher in flüssigem Zustand angeliefert, sondern kommen als feste Masse zur Arbeitsstelle. Die Stücke sind so geformt, daß sie in den Behälter der Spritzpistole passen. Hier werden sie bei Verarbeitung unter Wärmeeinwirkung verflüssigt, zerstäubt und auf die Fläche gebracht. Es können Überzüge für jede Beanspruchung hergestellt werden.

Abb. 54 stellt die gesamte für diesen Farbauftrag erforderliche Anlage dar. Zum Zerstäuben wird, wie bei den üblichen Farbspritzverfahren, Preßluft von etwa $1^1/_2$—2,0 at Betriebsdruck benötigt. Zur Erzeugung derselben dient ein wasserdicht geschlossener, mit Mantelkühlung ausgestatteter Elektromotor, der über ein Zahnradvorgelege einen Kolbenkompressor antreibt. Dieser ist mit einer wirksamen Rippenkühlung versehen und wird außerdem noch durch einen stark blasenden Ventilator gekühlt. Selbstverständlich werden auch bei diesen Verfahren an die Zerstäuberluft hinsichtlich Öl- und Wasserfreiheit die gleichen Bedingungen gestellt wie beim gewöhnlichen Farbspritzen. Der gesondert aufgestellte Benzingaserzeuger liefert das Brenngas für die Gebläseflamme, man kann auch Propan- oder Leuchtgas verwenden, bei dessen
Anwendung sich die Apparatur vereinfacht und verbilligt. Wie Abb. 54 zeigt, weist die im Vordergrund liegende Pistole C eine außergewöhnlich große Luftkopfkappe auf, außerdem befindet sich um die Farb- und Zerstäubungsdüse noch ein siebartiger Einsatz. Er dient zur Erzeugung der Gebläseflamme. Würde man nämlich den durch starke Erhitzung flüssig gemachten Anstrichstoff ohne Einhüllung in eine Flamme verspritzen, so würden die vom Luftstrahl getragenen Farbtröpfchen auf der Flugbahn abbinden und als Körnchen ohne Haftvermögen auf die Fläche geschleudert werden. Durch die sie umgebende Flamme behalten sie aber ihre Konsistenz bei und verlaufen

Abb. 54. Heißspritzanlage nach PAHL.
A Kolbenkompressor; B Benzingaserzeuger;
C Spritzpistole.

außerdem nach dem Aufprall auf der Fläche, um dann durch sie getrocknet zu werden. Da in diesem Falle also ohne jede sonst verdunstende Lösungsflüssigkeit gearbeitet wird, ist die Stärke des aufgetragenen Filmes gleich einer zwei- bis dreifachen Farbschicht.

Es mutet eigentümlich an, daß man hier den sonst leicht brennbaren Anstrichstoff direkt mit einer Flamme in Berührung bringt, ohne eine Verbrennung herbeizuführen. Die Erklärung dafür ist darin zu finden, daß die Austrittsgeschwindigkeit des Anstrichstoffes etwa 425 m/s und die Zündgeschwindigkeit der Brenngase 100—150 m/s beträgt. Somit ist die Zündgeschwindigkeit überschritten. Die Temperatur in der Flamme beträgt rund 800° C.

Die Vorwärmung der Pistole selbst kann stufenweise bis 180° C gesteigert und die Erwärmung der zu bearbeitenden Fläche je nach Erfordernis beliebig eingestellt werden.

Vorteile des Pahlschen Verfahrens. Der Schutzfilm gelangt infolge von Einwirkung der beim Spritzen verwendeten Flamme auf einen von Feuchtigkeit völlig freien Untergrund. Die Anstrichstoffe werden ohne Zusatz von schnell oxydierenden Bindemitteln warm auf eine erwärmte Unterlage aufgetragen und nach erfolgtem Auftrag zwecks gleichmäßiger Verteilung über die Fläche weiter erwärmt. Die längste Phase des Trockenprozesses erfolgt unter Fernhaltung von Wasser, das ja in erster Linie die Rostbildung fördert. Bei der Nachtrocknung kann kaum noch Wasser aufgenommen werden da der Film einen Zustand angenommen hat, als wenn er im Ofen getrocknet wäre. Da ferner mit *einem* Filmüberzug der Rostschutz erreicht ist, sind alle sonst zwischen den einzelnen Schichten lagernden schädlichen Wasserbildungen ausgeschaltet.

Die Trockenzeit des Anstriches ist bis auf einen Bruchteil der sonst üblichen herabgesetzt, da in *einem* Arbeitsgang aufgetragen und getrocknet wird. Durch Einwirkung der Flamme werden alle überflüssig und sonst in den Raum gespülten Farbtröpfchen, die dort als Kondensationskernchen nebelbildend wirken, abgebrannt. Man spritzt also praktisch nebelfrei. Abb. 55 zeigt einen nach diesem Verfahren behandelten Gegenstand.

39. Hochfrequenzfarbspritze (BOSCH). Nach ganz anderem Prinzip arbeitet die Bosch-Hochfrequenz-Spritzpistole (Abb. 56). Bei dieser wird die Farbe nicht durch Luft, sondern nur durch hohen Druck zerstäubt, wie der Brennstoff im Dieselmotor.

Als Antrieb dient ein Hochfrequenzmotor von 125 Watt bei 300 Hz Betriebsfrequenz und 110 Volt. Dieser Motor setzt über ein Getriebe mit Nockenrad den Pumpenkolben in hin- und hergehende Bewegung, die sich mittels Öl auf eine Membran fortpflanzt und

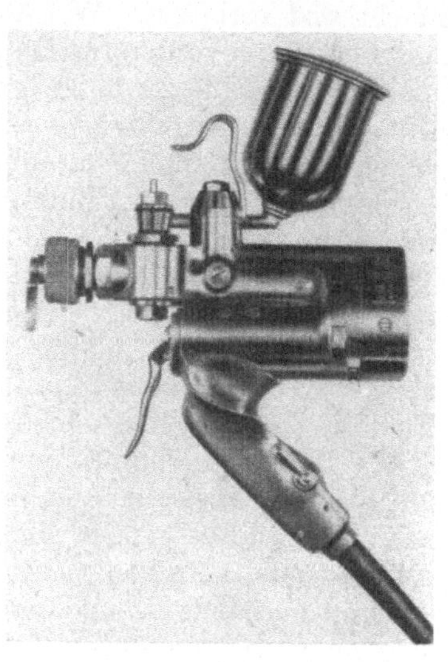

Abb. 55. Treppenpodest vor einem Ammoniakraum, rechts nach PAHLschem, links nach üblichem Verfahren geschützt. (Nach 18 Monaten.)

Abb. 56.
Bosch-Hochfrequenz-Farbspritze.

sie in Schwingungen setzt (4500 je Minute). Gleichzeitig wird in einem Raum vor der Stahlmembrane, vom Drucköl ganz getrennt, Farbe oder Lack angesaugt und mit 100—200 kg/cm² Druck durch eine feine Düse ausgespritzt. Durch Vorschaltung des lackverwandten Öles als Druckübertragungsmittel wird vermieden, daß die Kolbenpumpe durch Farben mit schleifenden Bestandteilen zu rasch abgenutzt wird. Beide Flüssigkeiten, Farbe oder Lack und Öl, sind durch die Stahlmembrane voneinander getrennt, können sich nicht vermischen, wirken aber wie ein einziger flüssiger Körper. Durch diesen Ablauf des Spritzvorganges werden technische und hygienische Vorteile erzielt. Der Farbstrahl ist gut begrenzt und verursacht nur geringe Nebelbildung. Vor allem ist er frei von Verunreinigungen durch Öl und Kondenswasser, was sich in der Güte der Lackierung günstig auswirkt. Der Farbfilm ist gleichmäßig feinkörnig und dicht. In vielen Fällen kann dank des hohen Druckes, unter dem das Spritzgut steht, Farbe oder Lack dickflüssiger verspritzt werden als bisher möglich, was Einsparung an Lösungsmitteln bedeutet.

III. Das Niederdruckverfahren.

40. Bedeutung des Niederdruckverfahrens. Beim Niederdruckverfahren wird niedrig gespannte Luft von 0,1—0,5 atü in großer Menge durch große Luftspalt-
querschnitte der Zerstäuber-
düse, also ohne große Reibungsverluste, auf die gleiche Luft-
austrittsgeschwindigkeit gebracht wie beim Hochdruckverfahren, das mit kleinem
Luftspaltquerschnitt und geringeren Luftmassen von hoher
Austrittsgeschwindigkeit arbeitet (Abb. 57).

Die Herrichtung der An-
strichstoffe für die Verarbeitung nach beiden Verfahren
unterscheidet sich insofern, als
man, um den Farbstoff verteilen und eine glatte Oberfläche erzielen zu können, die
Anstrichstoffe für Niederdruck
mehr verdünnen muß als die

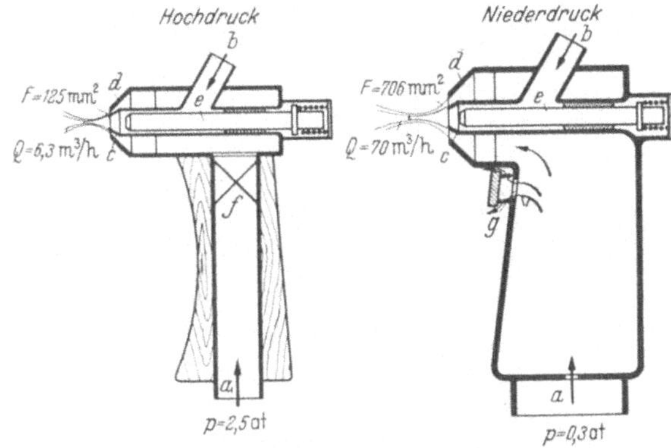

Abb. 57. Wesentliche konstruktive und physikalische Merkmale für Hoch- und Niederdruckapparate.
a Lufteintritt; *b* Farbeintritt; *c* Farbdüse; *d* Luftkopfkappe; *e* Farbdüsennadel; *f* Luftabsperrventil für Hochdruckpistole; *g* Luftausblas, wenn Düse nicht arbeiten soll; *F* Luftspaltquerschnitt; *Q* Luftverbrauch bei 1,5 mm Farbdüse.

für Hochdruck. Beim Hoch- und Mitteldruckspritzverfahren wird durch die verschiedenen Druckhöhen ein entsprechend feinerer oder gröberer Zerstäubungsgrad erreicht. Daraus ergibt sich:

1. Hochdruck: wenig Binde- und Lösungsmittelzusätze, mehr Farbstoffzusätze = geringe Verdunstungs-
verluste, gute Deckkraft.

2. Niederdruck: mehr Binde-
und Lösungsmittelzusätze, weniger
Farbstoffzusätze (stärkere Verdünnung) = größere Verdunstungsver-
luste, geringe Deckkraft.

Schematisch ist in der Abb. 58
oben je ein Ausschnitt einer mit
Hochdruck bzw. Niederdruck ge-
spritzten Fläche angegeben, in wel-

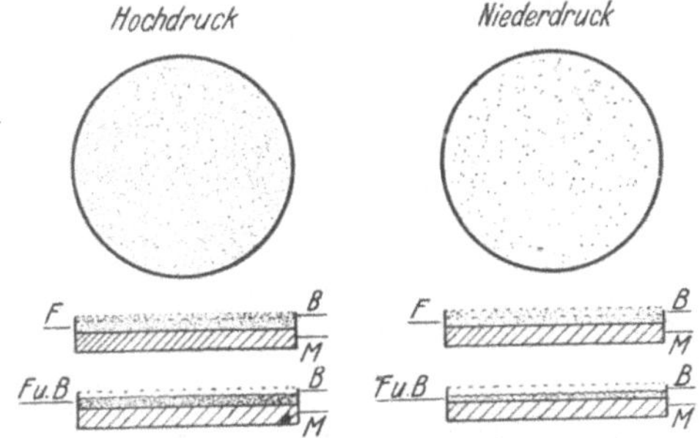

Abb. 58. Farbkörper und Bindemittelverteilung beim Hoch- und Niederdruckfarbspritzen.
F Farbkörper; *B* Bindemittel; *M* Untergrund.

chem man die Verteilung der Farbstoffe im Verhältnis zu dem Bindemittel erkennt; in der Mitte die entsprechende Auftragsstärke von Bindemittel und Farbe unmittelbar nach der Lackierung; unten die Filmschicht nach der Trocknung, die im Querschnitt als feingewellte Fläche erscheint, mit größeren Wellen beim Niederdruckverfahren.

Hieraus folgt, daß das Hochdruckverfahren vorzuziehen ist, wenn der Gütegrad der Lackierung erhöht werden soll. Da aber im allgemeinen Anstrichwesen bei rund 60% der Arbeiten kein hochwertiger Anstrich, sondern nur reiner Überzuganstrich nötig ist, kann man auch mit gutem Erfolg das Niederdruckverfahren anwenden, woraus sich die Daseinsberechtigung beider ergibt.

41. Drucklufterzeuger und Zubehör. a) Umlaufende Kompressoren. Das Bestreben, möglichst kleine Maschinen mit großen Luftmengen bei geringem

Kraftbedarf zur Lufterzeugung zu bekommen, hat zu dem Bau der umlaufenden Kompressoren geführt.

Der umlaufende Kompressor (Abb. 59), der nur 320 mm lang, 180 mm breit und 280 mm hoch ist, leistet bei 6 atü und einer Umdrehungszahl von 1000 U/min

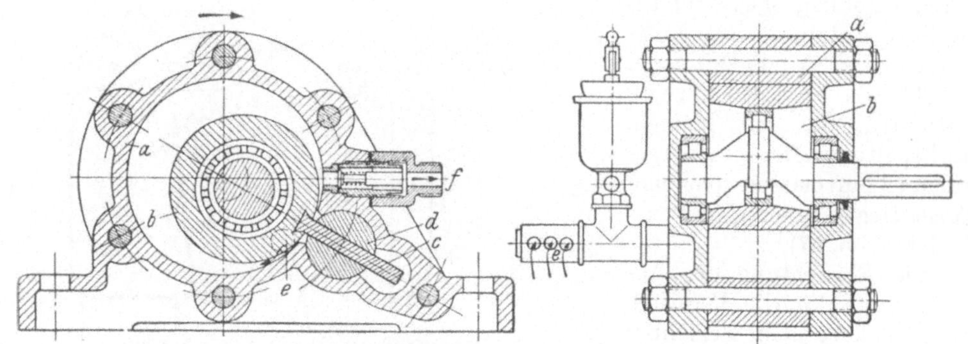

Abb. 59. Umlaufender Kompressor für Hoch- und Niederdruck-Lufterzeugung.
a Kompressorgehäuse; b umlaufender Kolben; c Verdichtungsschieber; d Steuernuß;
e Ansaugestützen; f Druckstutzen

7,8 m³/h bei einem Kraftbedarf von 1,1 kW, weshalb er auch für Hochdruckapparate verwendet werden kann. Das nötige Schmieröl wird angesaugt; die Ölzufuhr muß aufs geringste eingestellt und außerdem noch ein reichlich bemessener Ölabscheider zwischengeschaltet werden.

Bei umlaufenden Kompressoren, vor allem für niedrige Drücke wählt man sehr große Ölabscheider, um der gelieferten Menge entsprechend genügend Abscheidungsmöglichkeit zu haben. Widerstandslose Abscheider sind Voraussetzung.

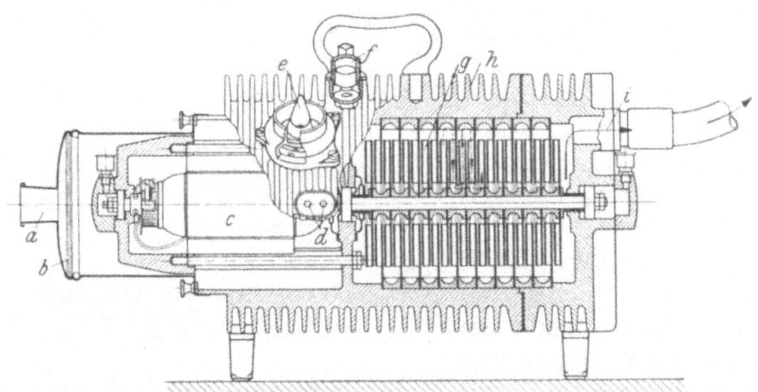

Abb. 60. Gebläse mit Einbaumotor für Niederdruckspritzverfahren bis 0,3 atü.
a Ansaugeöffnung; b Tuchfilter; c Einbaumotor; d Anschlußstecker;
e Anlaßschalter; f Schmierbüchse für Kugellager; g Verdichterschaufeln;
h Gehäusekühlrippen; i Ausblaseöffnung.

Die Durchmesser der Leitungen sind entsprechend der hohen Luftfördermenge groß. Bei Erzeugung geringer Drücke muß der Kompressor unmittelbar am Arbeitsplatz aufgestellt werden, wodurch jede unnötige, Druckverluste verursachende Leitung erspart wird. Luftschläuche haben etwa 20 und 40 mm ⌀.

Die Luft wird bei umlaufenden Kompressoren gleichförmig gefördert. Deshalb fällt der Luftkessel mit den Armaturen fort. So werden die fahrbaren Anlagen sehr einfach und sind trotz großer Flächenleistung leicht. Eine bedeutende Erhöhung erfährt das Gewicht nur dann, wenn bei zähflüssigem Stoff mit einer stetigen Farbzufuhr gearbeitet werden soll, da in diesem Falle ein kleiner Zusatzkompressor nötig ist, der den Druck auf die Farbe erzeugt.

b) G e b l ä s e. Bei Niederdruckapparaten, die mit einem Betriebsdruck von 0,1—0,3 atü arbeiten, verwendet man die im Betrieb billigen Gebläse. Das besonders für Niederdruckverfahren konstruierte Gebläse Abb. 60 leistet bei einem Druck von 0,3 at 40 m³/h, bei einem Kraftbedarf von 0,45 PS. Dieses Gebläse besteht aus mehreren Radschaufeln (Abb. 61), die unmittelbar auf der Welle eines Elektroeinbaumotors sitzen. Die Schaufeln verdichten je nach ihrer Anzahl die angesaugte Luft in drei oder mehr Stufen. Die angesaugte Luft wird durch ein Barchenttuchfilter geleitet, an dem sich der schädliche Staub fängt. Solche Gebläse haben den Vorteil, daß sie an jede Lichtleitung angeschlossen werden können (bei jeder Stromart). Bei dieser Maschine kommt keinerlei Öl in den luftansaugenden und den luftverdichtenden Raum, wodurch die Gefahr der schädlichen Ölabsonderung völlig beseitigt ist und sich Ölabscheider erübrigen. Ferner fällt jede weitere Armatur, wie Luftkessel, Druckminderventil usw., fort. Die Luftzuführungsleitungen, die 40 mm ⌀ haben, sollen so kurz wie möglich sein, höchstens 4—10 m lang. Das geringe Gewicht der gesamten Anlage von 12 kg gestattet es, sie unmittelbar am Arbeitsplatz aufzustellen.

42. Förderung und Verteilung des Anstrichstoffes. a) F a r bförderung. Die Niederdruckapparate arbeiten in der Hauptsache nach dem Fließverfahren und Druckverfahren. Dieses wird besonders bevorzugt, da es zum Teil gestattet, weniger zu verdünnen. Der geringe Druck von höchstens 0,5 at bedingt eine begrenzte Anstrichstoff-Förderhöhe, sofern nicht ein besonderer Hochdruckkompressor zur Farbförderung angeschlossen werden soll. Die

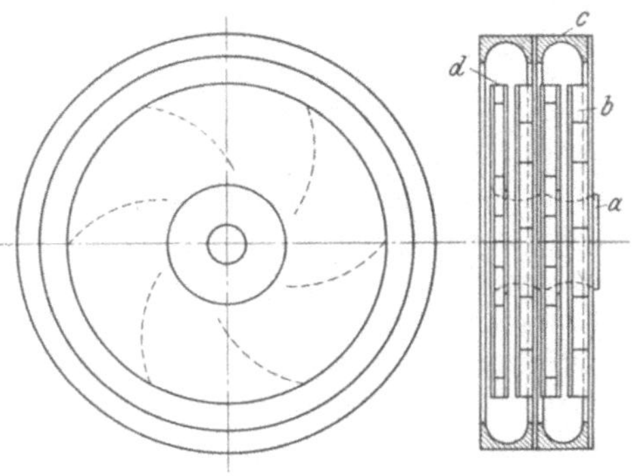

Abb. 61. Schnitt durch Verdichtungsstufen.
a Abstandrolle; *b* Leitschaufeln; *c* Zwischenring; *d* Gleitschaufeln.

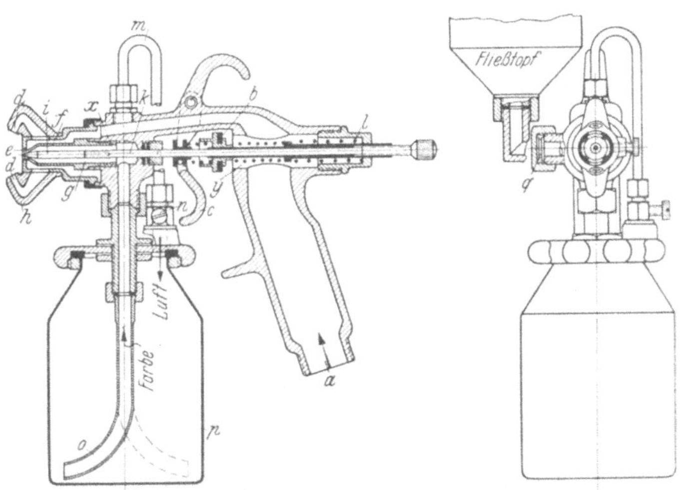

Abb. 62. Niederdruckfarbspritzpistole für 0,3 atü Betriebsdruck.
a Lufteintritt; *b* durch Abzugshebel gesteuertes Luftventil; *c* Farbnadelregulierhebel; *d* Seitenluftlöcher; *e* Luftspalt für Zerstäuberluft; *f* Farbdüse; *g* Luftkopfkappe; *h* Flachstrahlzange; *i* Farbnadel; *k* Nadelstange; *l* Druckfeder für Farbnadel; *m* Luftleitung für Drucktopf; *n* Luftdruckregulierschraube; *o* Farbsteigrohr; *p* Farbdrucktopf; *q* Anschluß für Fließbecher; *x* Farbkanal; *y* Überluftausströmöffnung.

gewöhnliche Förderhöhe (ohne Zusatzkompressor) vom Farbdruckgefäß bis zur
Pistole soll 1 m nicht überschreiten; gegebenenfalls ist das Gefäß höher zu stellen.

b) Von Strahlarten gibt es beim Niederdruckverfahren nur den Flachstrahl und
Rundstrahl, da bei anderen Strahlarten, wie Drehstrahl, der Druck stark abfiele,
was den Zerstäubungsgrad beeinträchtigen würde. Abb. 62 zeigt eine Niederdruck-
pistole, bei der die Luftzufuhr zur Luftkopfkappe zwangsläufig durch Betätigung
des Abzugshebels c umgelenkt wird. Hier befindet sich auf der Farbnadelstange
ein Gummipuffer, der beim Zurückziehen des Arbeitshebels den Ausströmkanal y
versperrt und dadurch die gesamte Luftmenge zur Luftkappe umleitet. Außerdem
wird bei dieser Pistole der geringe Luftdruck von 0,3 at unmittelbar in den Farbbecher geleitet und dieser zum Drucktopf verwandelt. Wie Ansicht zeigt, kann aber
auch ein Fließtopf angebracht werden. Durch einfache Luftzuführung wird der
Saugtopf zum Drucktopf umgewandelt.

43. Luftverbrauch der Niederdruckapparate. Jeder dieser Apparate verbraucht
bei verschiedenen Düsendurchmessern immer die gleiche Luftmenge, da ja der
Druck unverändert bleibt. Der Luftverbrauch schwankt nur bei den verschiedenen
Strahlarten, und zwar ist er bei der Flachdüse rund 25—30 % größer als bei der
Runddüse. Die Lufterzeuger sind auf den Verbrauch der Flachstrahldüse abge-
stimmt; beim Rundstrahlbetrieb wird, um das Gebläse zu entlasten, meist abgeblasen. Der Luftverbrauch einer Pistole nach Abb. 62 beträgt bei 0,3 at und 1,0
bis 3,5 mm-Düse 40 m³/h entsprechend 0,50 PS.

44. Vergleich des Hoch- und Niederdruckverfahrens. Dem Hochdruckverfahren
(Hoch- und Mitteldruck) sind in bezug auf vielseitige Verwendungsmöglichkeit
keine Grenzen gesetzt, während sich das Niederdruckverfahren insofern in Grenzen
bewegt, als es für hochfeine, preiswerte Lackierungen ausscheidet. Unter diesen
sind solche zu verstehen, bei denen auch die besten Anstrichstoffe in mehreren
Filmschichten aufgetragen werden müssen. Durch die beim Niederdruckverfahren
bedingten höheren Lösungsmittelzusätze würde eine solche Lackierung derart viel
Auftragsschichten erfordern, daß man von einer Wirtschaftlichkeit gegenüber dem
Pinselverfahren nicht sprechen könnte.

Dort, wo es sich nur um Überzugsanstriche handelt, besonders bei Großflächen,
arbeitet das Niederdruckverfahren, sofern die Güte des Anstriches genügt, billiger
als das Hochdruckspritzverfahren. Das Niederdruckverfahren hat sich trotz der
kurzen Zeit seines Bestehens immer mehr Gebiete erobert, so daß es nicht ausgeschlossen ist, daß es mit fortschreitender Entwicklung der Lackerzeugung in vielen
Fällen dem Hochdruckspritzverfahren ebenbürtig zur Seite gestellt werden kann.

Das Boschverfahren (Abschn. 39) ist dem Hochdruckverfahren ebenbürtig, in
manchem etwas überlegen. Das Pahlverfahren ist ein Hochdruckverfahren, welches
aber bei Rostschutzanstrichen allen überlegen ist (Abschn. 38).

IV. Wirtschaftliche Verwendung der Spritzapparate.

A. Strahlform und Arbeitsgeschwindigkeit.

Soll mit Erfolg gespritzt werden, ist es notwendig, daß man die Einzelvorgänge
während des Spritzens genau kennt[1] und die Pistole richtig behandeln kann. In
erster Linie muß man sich die Eigenheiten des austretenden Farbstrahles vor
Augen halten.

45. Farbstrahl und Düsengeschwindigkeit. Man kann im wesentlichen den Farb-

---

[1] Siehe Zeitschrift „Maschinenbau". VDI-Verlag. Bd. 11, Nr. 15, 1932. R. KLOSE,
Leistungsuntersuchungen von Farbspritzpistolen.

strahl wie folgt unterteilen: Nutzkegel, Arbeitskegel und Streukegel Abb. 63. Wie der wirkliche Strahlabdruck aussieht, zeigen die Abb. 64 u. 65.

a) **Der Nutzkegel** ist der aus der Pistole tretende volle Farbstrahl A. Nur auf kürzeste Entfernung von der Düse erscheint er als scharf unbegrenztes Flächenbild und wird mit zunehmender Arbeitsentfernung in immer größerem Verhältnis vom Arbeits- und Streukegel umgeben. Nur mit dem Nutzkegel arbeiten zu können, wäre das Ideal des Farbspritzens, da in seinem Bereich noch keine

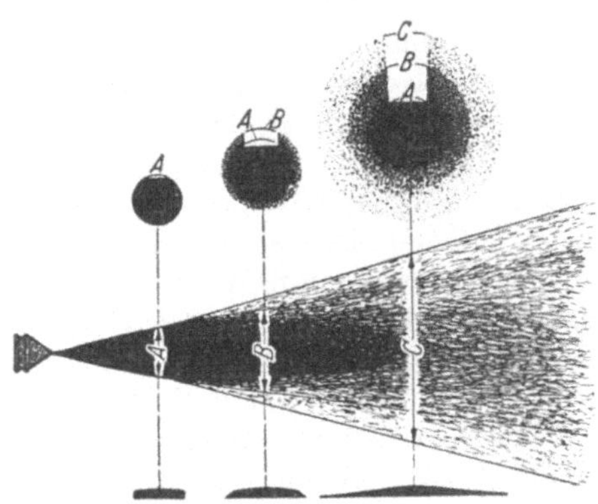

Abb. 63. Unterteilung des Farbstrahles.
A Nutzkegel; B Arbeitskegel; C Streukegel.

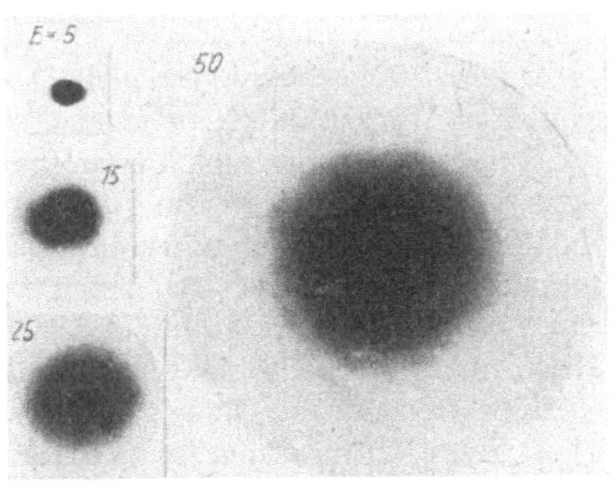

Abb. 64. Strahlabdruck eines 1,5-mm-Rundstrahles.
E Arbeitsentfernung vom Düsenkopf in cm.

Farbverluste durch Streuung auftreten. Die Farbstoffdichte ist jedoch in diesem kurzen Abstand von der Düse so groß, daß bei handgeführter Pistole sofort eine starke Überschichtung der Anstrichstoffe stattfindet, die durch den hier herrschenden hohen Druck einander sofort verdrängen.

b) **Der Arbeitskegel** B umgibt unmittelbar den Nutzkegel und liegt, von der Mittelachse aus gemessen, in einem geringeren Geschwindigkeitsbereich des Farbstoffes. Die Anzahl der von ihm getragenen Anstrichstoffteilchen ist bedeutend geringer als die des Nutzkegels. Dennoch bewirken sie eine

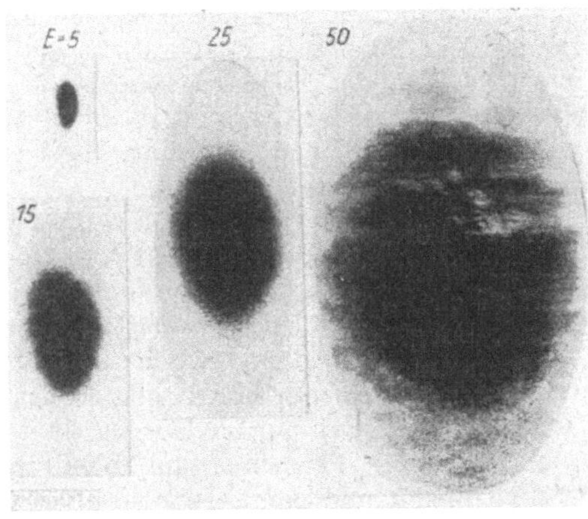

Abb. 65. Strahlabdruck eines 1,5-mm-Flachstrahles.
E Arbeitsentfernung vom Düsenkopf in cm.

gewisse Deckkraft, die je nach Arbeitsentfernung größer oder kleiner ist. Da sich dieser Kegel erst in einiger Entfernung bildet und in dieser Arbeitsentfernung erst das praktische Arbeiten mit dem Zerstäuber beginnen kann, nennt man diesen Kegel den Arbeitskegel. Er ist für die Bewertung und Leistung der Pistole maßgebend. In den weiteren Ausführungen wird er kurz mit A_k bezeichnet. Sein Durchmesser und die dazugehörige Düsengeschwindigkeit bestimmen die Leistung.

c) **Der Streukegel** C ist der von dem sichtbaren Farbstrahl eingehüllte Kegel; zugeführter Druck und Zähigkeit der Flüssigkeit sind für seine Grenzen maßgebend. Der Luftspaltquerschnitt zwischen Farbdüse und Luftdüsenkopf bestimmt den Öffnungswinkel des Kegels. Dieser Kegel umhüllt den geringsten Geschwindigkeitsbereich des aus der Düse tretenden expandierenden Farbluftstrahles. Die Anzahl der mitgeführten Anstrichstoffteilchen ist so gering, daß sie für eine nutzbare Arbeit nicht genügen und als Verlust angesehen werden müssen. Durch richtige Konstruktion des Luftkopfes kann der Öffnungswinkel des Streukegels verkleinert werden.

d) Düsengeschwindigkeit ist die Geschwindigkeit, mit der die Düse *quer zur Strahlrichtung* bewegt wird (Abb. 66 links). Sie wird gemessen in m/min (s = Weg in m, t = Zeit in min). An eine leistungsfähige Pistole sind folgende Anforderung zu stellen: Große Düsengeschwindigkeit bei geringem Luftverbrauch, großer Arbeitskegel bei geringem Streukegel, geringe Entfernung der Spritzpistole von dem Werkstück (Arbeitsentfernung E) bei großem Arbeitskegel.

Eine rein rechnerische Bestimmung der Leistungsfähigkeit einer Spritzpistole ohne vorhergehende Messung der Düsengeschwindigkeit ist zur Zeit noch nicht möglich. Noch schwieriger erscheint die rechnerische Bestimmung des Düsendurchmessers und der wirtschaftlichsten Arbeitsdruckhöhe bei gegebenem Anstrichstoff. Zur Lösung dieser Frage hat der Verfasser viele Versuche angestellt und noch in Bearbeitung. Die Düsengeschwindigkeit kann durch die folgenden Faktoren beeinflußt werden, dabei ist zwecks wirtschaftlichen Arbeitens zu beachten:

1. Der Betriebsdruck ist so niedrig wie möglich einzustellen, um unnötige Anstrichstoff- und Lösungsmittelverluste zu vermeiden; er muß aber dennoch die Verarbeitung stramm gehaltener Anstrichstoffe ermöglichen.

2. Die Arbeitsentfernung muß so klein wie möglich sein, damit eine sichere Führung der Pistole gewährleistet ist.

3. Die Zähigkeit des Anstrichstoffes muß der des streichfertigen Stoffes nahekommen, um eine gute Deckkraft zu erzielen.

4. Die Wahl des Arbeitsverfahrens, ob nach dem Hoch- oder Niederdruckverfahren, hängt von der verlangten Qualität des Anstriches ab.

5. Die anzuwendende Strahlart richtet sich ganz nach Form und Größe des Werkstückes.

6. Die Förderung des Anstrichstoffes wird in erster Linie von der Zähigkeit des Anstrichstoffes und außerdem vom Umfang der Fertigung bestimmt. Selbstverständlich ist das Arbeitsverfahren für die Düsengeschwindigkeit ausschlaggebend. Bei gleich zähen Anstrichstoffen ist die Düsengeschwindigkeit beim Saugverfahren am geringsten, beim Druckverfahren am größten, während sie beim Fließverfahren eine mittlere Größe erreicht.

7. Auch die zu spritzende Oberfläche des Werkstückes hat wichtigen Einfluß.

46. Die reine Flächenleistung beim Spritzlackieren hängt von der Düsengeschwindigkeit und dem Arbeitskegel der Pistole ab.

Gemäß Abb. 66 ist v = Düsengeschwindigkeit (m/min), A_k = Größe des Arbeitskegels, und zwar A_{kr} = Arbeitskegeldurchmesser für Rundstrahl (m), A_{kf} = Arbeitskegelbreite für Flachstrahl (m), dann ist die Spritzleistung

$$Q = v \cdot A_k \cdot 60 \ (\text{m}^2/\text{h}).$$

Beispiele:

$v = 17$ m/min, $A_{kr} = 0{,}04$ m $\varnothing$, $Q = 17 \cdot 0{,}04 \cdot 60 = 40{,}8$ m²/h.

$v = 17$ m/min, $A_{kf} = 0{,}12$ m, $Q = 17 \cdot 0{,}12 \cdot 60 = 122{,}4$ m²/h.

47. Die Arbeitszeit ergibt sich aus der zu lackierenden Fläche und der Spritzleistung (Abb. 66). Mit L = Arbeitslänge des Werkstückes (m) und b = Arbeitsbreite des Werkstückes (m) erhält man die Arbeitszeit $t = \dfrac{L \cdot b}{v \cdot A_k}$ (min), also Rundstrahl: $t = \dfrac{L \cdot b}{v \cdot A_{kr}}$ (min); Flachstrahl: $t = \dfrac{L \cdot b}{v \cdot A_{kf}}$ (min). Der Wert b/A_k, der die Anzahl der Spritzwege angibt, muß stets auf eine ganze Zahl aufgerundet werden.

Beispiele:
$v = 17$ m/min; $L = 0{,}8$ m;
$b = 0{,}29$ m; $A_{kr} = 0{,}04$ m;
$A_{kf} = 0{,}12$ m.

Rundstrahl:
$$t = \frac{0{,}8 \cdot 0{,}29}{17 \cdot 0{,}04} = \frac{0{,}8}{17} \cdot 8 = 0{,}38 \text{ min}$$

Flachstrahl:
$$t = \frac{0{,}8 \cdot 0{,}29}{17 \cdot 0{,}12} = \frac{0{,}8}{17} \cdot 3 = 0{,}14 \text{ min}.$$

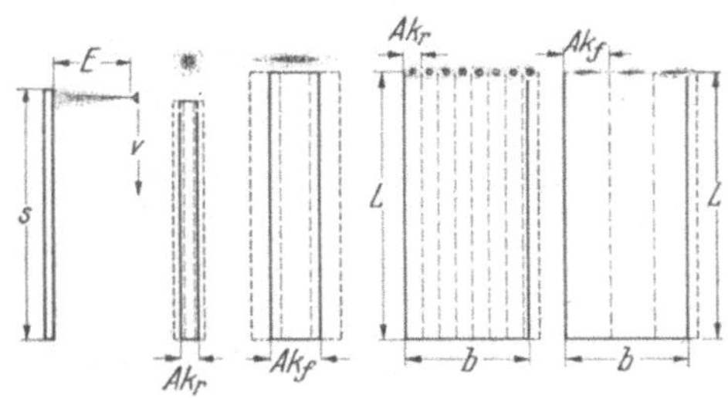

Abb. 66. Ermittlung der Düsengeschwindigkeit, Spritzleistung und Arbeitszeit.

Ak_r Arbeitskegelrundstrahl; Ak_f Arbeitskegelflachstrahl; b Arbeitsbreite; E Arbeitsentfernung; L Arbeitsstücklänge s Arbeitsweglänge; v Düsenvorschubsgeschwindigkeit.

Die Düsengeschwindigkeit bei Ausführung des Anstriches mit handgeführter Pistole beträgt nach mehreren Versuchen des Verfassers: $v = 17$ bis 22 m/min; sie kann nur bei automatischem Betrieb gesteigert werden.

48. Einfluß der Düsengeschwindigkeit. Versuche zeigen, inwieweit bei Anstrichstoffen eine Druckerhöhung und verschiedene Arbeitsentfernungen die Leistung steigern.

Um die Düsengeschwindigkeiten und den Durchmesser des Arbeitskegels bei Arbeiten mit 1—4 atü in verschiedenen Arbeitsentfernungen zu ermitteln, wurde auf Papierstreifen Farbe mit verschiedener Düsengeschwindigkeit aufgetragen (Abb. 67). Man erkennt deutlich, in welcher Weise sich die Düsengeschwindigkeit auswirkt.

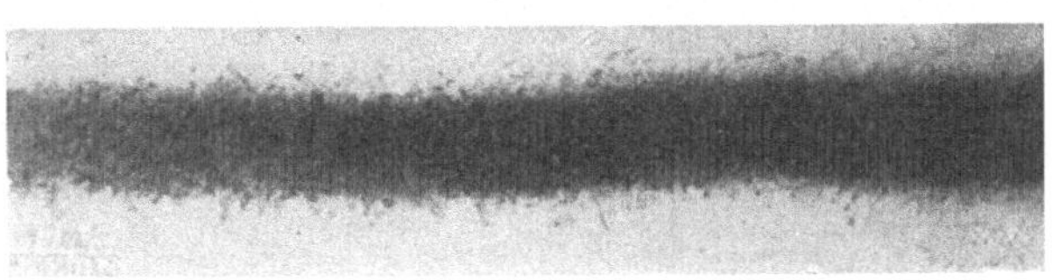

Abb. 67. Farbschichtung bei verschiedenen Düsengeschwindigkeiten v 40 bis 17 m/min.

Bei zu großer Arbeitsgeschwindigkeit, $v = 40$ m/min, ist die Anzahl der austretenden Farbteilchen so gering, daß eine geschlossen erscheinende Farbschicht nicht gebildet wurde. Bei allmählichem Verringern der Geschwindigkeit wird die Schicht deckfähiger, die Farbtröpfchen schichten sich, bis sie sich schließlich bei der richtigen Geschwindigkeit von z. B. $v = 17$ m/min zu dem dichten Farbfilm vereinigen. Wird die Düsengeschwindigkeit geringer als die günstigste, so findet eine zu starke Schichtung der Farbteilchen statt. Dies tritt zwar in der Fläche selbst nicht in Erscheinung, bewirkt aber ein Abrutschen des Anstrichstoffes und somit einen ungleichmäßigen Überzug, der Angriffsmöglichkeiten für

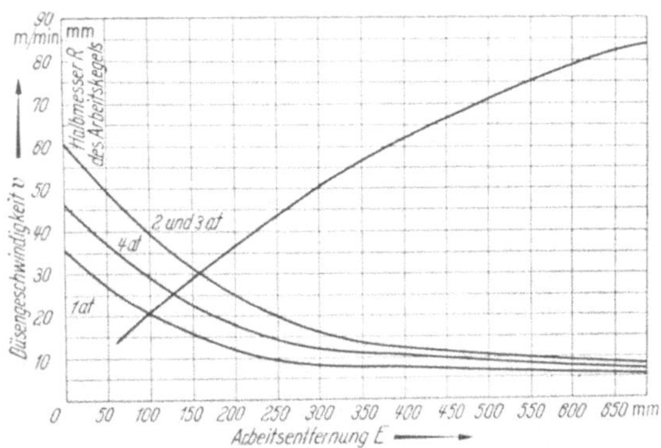

Abb. 68. Einfluß des Druckes auf die Düsengeschwindigkeit bei verschiedenen Arbeitsentfernungen. v bei 1 at klein, bei 2 und 3 at am größten, bei 4 at wieder kleiner. Zunahme des Arbeitskegels mit wachsender Arbeitsentfernung.

Lackzerstörer bietet. Diese Überdeckung und das Abrutschen kann man an durchleuchteten Farbstreifen feststellen.

Oft ist man noch der Meinung, daß sich durch eine Steigerung des Arbeitsdruckes auch die Düsengeschwindigkeit und damit die Leistung steigern läßt. Das ist irrig und durch viele vom Verfasser angestellte Versuche bewiesen. Jeder Anstrichstoff hat bei einem bestimmten Arbeitsdruck eine Grenze der Höchstdüsengeschwindigkeit bzw. eine Grenze des Höchstbetriebsdruckes. Das erklärt sich daraus, daß bei Überschreitung eines bestimmten Betriebsdruckes eine zu feine Tropfenbildung stattfindet, welche zu solch starker Vernebelung führt, daß die Deckkraft darunter leidet. Abb. 68 läßt den Leistungsabfall bei zu hohem Druck erkennen. Dieses Schaubild wurde aus einer langen Versuchsreihe herausgenommen, es ergab sich für eine bestimmte untersuchte Farbe (maschinengrau) bei Verarbeitung mit 1,5 mm Flachrundstrahldüse.

Hierbei erkennt man, daß der günstigste Betriebsdruck, bezogen auf die Arbeitsgeschwindigkeit, bei 2 und 3 atü liegt.

B. Handhabung der Pistole.

49. Arbeitsentfernung. a) H o c h d r u c k. Von der Arbeitsentfernung sind Stoff- und Zeitverluste abhängig. Ausschlaggebend für die Entfernung ist die jeweils angewandte Arbeitsdruckhöhe, die sich wiederum nach dem Anstrichstoff und der Düsenbohrung richtet.

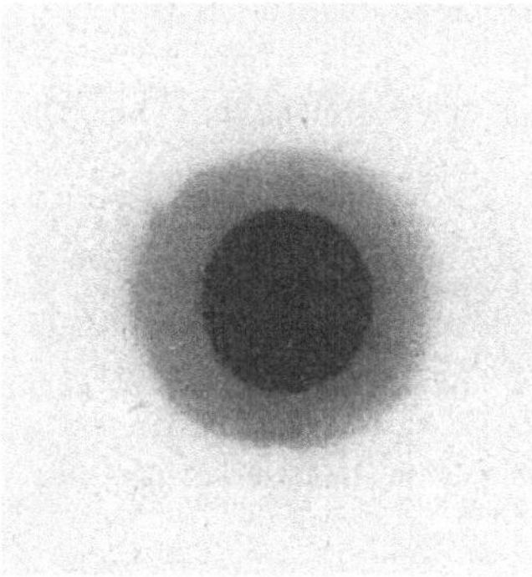

Allgemein nimmt man bei kleinen Düsen (0,8—1,8 mm $\emptyset$) rund 8—15 cm Arbeitsentfernung, bei großen Düsen (2,0—3,0 mm $\emptyset$) rund 10—25 cm. Wässerige Anstrichstoffe verarbeitet man mit einem Druck von 0,5—1,5 atü, stramme mit 1,8—3,5 atü. Der Druck wird gefühlsmäßig jeweils nach den Lösungs- und Bindemittelgehalten der zu verarbeitenden Anstrichstoffe eingestellt. Man gehe dabei stets von der niedrigsten Druckhöhe und Arbeitsentfernung aus und vergrößere sie, bis der Arbeitskegel scharf erscheint und der ihn umgebende Arbeitsstreukegel einen feinkörnigen Übergang zeigt (Abb. 69).

Abb. 69.
Richtig eingestellter Spritzdruck.

Tab. 2 gibt nach Versuchen die wirtschaftlichste Druckhöhe H und die Arbeitsentfernung E an; sie kann ohne weiteres auch als Anhalt für ähnliche Anstrichstoffe dienen [1].

Tabelle 2. Farbspritzen mit Hochdruck.

Art des Anstrichstoffes	Düsendurchmesser mm						Beschaffenheit des Anstrichstoffes		
	1,5		2,0		2,5		spez. Gewicht	Viskosität	Verdünnung
	H atü	E cm	H atü	E cm	H atü	E cm	g	s/100 cm³	%
Maschinenanstrichfarben	1,5	15	2,0	19	2,5	23	1,609	48	7,5
Überzugslacke	3,2	18	3,6	25	3,8	28	1,397	34	7,5
Nitrolacke	3,0	18	3,4	20	3,5	25	0,969	24	27
Faktorfarben	2,7	15	3,0	20	3,3	25	1,348	30	5,0

Die Arbeitsentfernung verkleinert sich zwangläufig mit der Einstellung des Pistolenabzugshebels: bei ganz zurückgezogenem Hebel größte Entfernung, bei wenig zurückgezogenem geringste.

---

[1] Siehe Werkstattbuch Heft 103 „Anstrichstoffe und -Verfahren" von R. KLOSE.

b) Beim **Niederdruck** (Tab. 3) bleibt für die verschiedensten Anstrichstoffe die Entfernung fast gleich, da sich bei diesem Verfahren die Verdünnung der Stoffe dem Druck anpassen muß; man rechnet mit einer Entfernung von 20—25 cm.

50. Pistolenhaltung und -bewegung. Die Pistolenspitze bildet in der Regel mit der zu bespritzenden Oberfläche einen Winkel von 90° (Anstellwinkel); dabei wird der Pistolenschaft geradlinig und parallel zur Arbeitsfläche, also rechtwinklig zur Düsenachse geführt. Jede Verdrehung der Pistole aus diesem Winkel führt zu Stoff- und Düsenzeitverlusten.

Bewegungen nach Abb. 70 sind falsch, weil dabei kein einheitliches Flächenbild entsteht, dagegen leicht Stoff sich anhäuft, woraus sich Läufer bilden; ebenfalls ist es falsch, die Pistole zu drehen. Bei Haltung nach *c* wird der Anstrich nach den Enden hin zu

Tabelle 3.
Farbspritzen mit Niederdruck.
Auslaufbecher DIN 53211 (100 ccm in 15 s).

Art des Anstrichstoffes	Verdünnung %
Rostschutzfarben	27
Überzugslacke	28
Nitrolacke	45
Faktorfarben	25

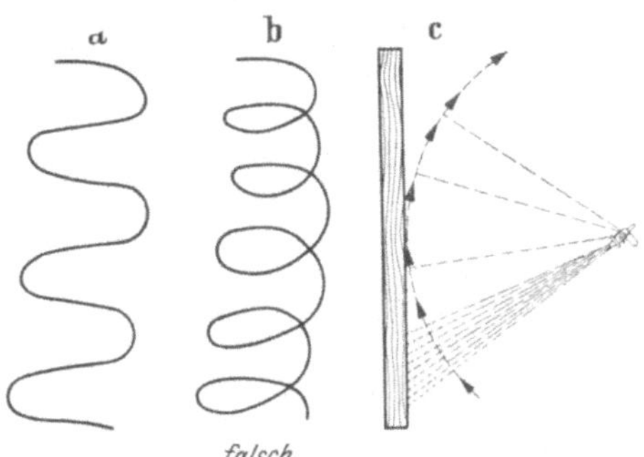

Abb. 70. Falsche Pistolenführung.
a Fläche wird streifig; *b* Anstrichstoff wird ungleich verteilt; *c* Anstrichstoff an den Enden zu mager; außerdem durch Streuung Anstrichstoffverluste.

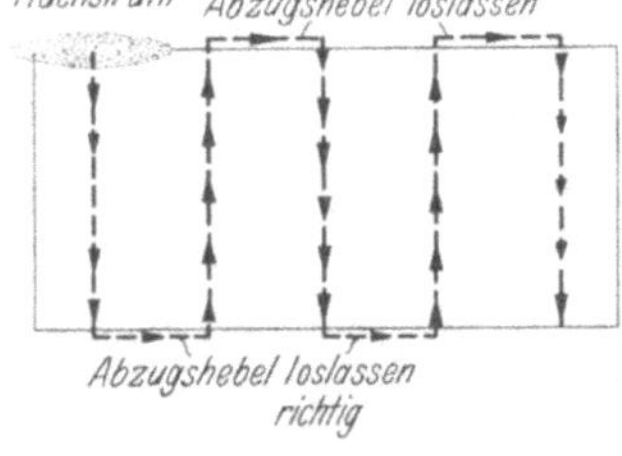

Abb. 71. Richtige Pistolenführung, Geradlinig und parallel zur Fläche. Beim Übergang zur nächsten Spritzbahn Abzugshebel kurz loslassen.

mager. Richtig ist die geradlinige Führung Abb. 71. Zu beachten ist dabei, daß beim Rundstrahl die Flächengrenze weiter überschnitten werden muß als beim Flachstrahl, weshalb beim Rundstrahl größere Stoffverluste entstehen. Stehende Flächen, die man besonders kräftig anstreichen will, werden im Kreuzgang (einmal lang, einmal quer) gespritzt; durch diese Arbeitsweise vermeidet man Abrutschen des Stoffes.

51. Allgemeine Regeln. Der Anstrichstoff muß gut gesiebt und fein gemahlen und ohne Farbhaut sein. Seine Temperatur soll mindestens 18—20° betragen. Der Arbeitsraum muß ebenfalls gut temperiert und außerdem staubfrei sein. Das Arbeitsgerät ist nach jedem Gebrauch mit Lösungsmitteln peinlichst zu reinigen. Verstopfte Düsen reinige man nicht mit Metallteilen, sondern mit Bürste und Lösungsmitteln. Farb- und Luftschläuche binde man bei Anwendung des Druckverfahrens zusammen, wodurch sie besser zu handhaben sind. Undichte Schlauchleitungen flicke man sofort mit Hermetoband.

52. Unfallverhütung. Die Zahl der Unfallmöglichkeiten in Lackierbetrieben ist groß. Der Umgang mit mehr oder weniger explosiven Dämpfen, Lösungsmitteln, Farben und Lacken sowie gespannter Luft bringt gewisse Gefahren mit sich, die sich jedoch vermeiden lassen, wenn die damit beschäftigten Personen über die Gefahrenquellen unterrichtet sind und die Vorschriften beachten[1]. Die Unfallmöglichkeiten können unterteilt werden in chemischtechnische und maschinentechnische.

53. Störungen. a) Flatternder bzw. stoßweiser Strahl; Ursache: Undichtigkeit in der Luftzuführung — Lose Farbnadel — Beschädigte Farbnadeldichtung — Loses Farbrohr im Saugbehälter — Verschmutztes Luftzufuhrloch im Saugtopfdeckel — Zu wenig Farbe im Gefäß — Verstopfter Farbschlauch.

b) Pistole spuckt; Ursache: Zu reichliche Farbzuführung im Verhältnis zur Luft — Fremdkörper in Düse — Farbhäutchen in Pistole geraten — Luftkopf zu weit vor Farbdüse geschraubt.

c) Ungleichmäßiger Strahl; Ursache: Angetrocknete Farbe oder Schmutz in der mittleren Öffnung oder den seitlichen Löchern des Düsenkopfes.

d) Geteilter Farbstrahl; Ursache: Zu hoher Luftdruck.

e) Zu kleiner Farbstrahl; Ursache: Zu geringer Farbdruck — Schmutzige Löcher in der Luftkappe — Zu wenig Luft — Klumpig gewordenes Farbmaterial — Zu zähe Anstrichmittel.

f) Farbe tropft; Ursache: Feder für Farbnadel nicht straff genug gespannt — — Farbnadelspitze verschmutzt — Farbnadel zu stark abgenutzt — Farbnadeldichtung beschädigt.

g) Luft entweicht aus der Düse; Ursache: Ventil nicht stramm auf Sitz gezogen — Ventilkegel beschädigt.

54. Fehler in Anstrichen[2]. a) Farbe rutscht und bildet Gardinen; Ursache: Zu satter Auftrag — Abstoßender Untergrund — Farbe zu stark verdünnt.

b) Fläche wird pockennarbig; Ursache: Anstrichstoff zu dick — Luftdruck zu gering — Arbeitsentfernung zu groß — Anstrichstoff zu kalt — Spritzluft zu kalt — Kalte Arbeitsräume.

c) Fläche bekommt keinen Glanz; Ursache: Anstrichstoff zu stark verdünnt — Nasse feuchte Luft verarbeitet.

d) Fläche bekommt Flecke; Ursache: Ölhaltige Preßluft — Ölhaltiger Untergrund.

e) Fläche wird blasig; Ursache: Nasse Preßluft — Nasser Untergrund — Nicht durchgetrockneter Untergrund.

f) Fläche wird körnig; Ursache: Anstrichstoff nicht gut versiebt — Untergrund nicht mit Preßluft abgeblasen — Anstrichstoff nicht fein genug gemahlen— Arbeitsentfernung zu groß — Schon abgebundene Farbkörnchen — Nasse Spritzluft — Einseitig arbeitende Düse.

g) Fläche erscheint streifig; Ursache: Arbeitskegel neben Arbeitsstreukegel statt Arbeitskegel in Arbeitskegel 00 00 gespritzt — Ungleich aufnehmender Untergrund.

h) Fläche bekommt weißen oder bläulichen Schleier; kommt vor allem bei Flächen mit Zwischengrund (Spachtel) vor und ist ein Zeichen, daß dieser nicht sauber geschliffen ist und dadurch feinste Unebenheiten aufweist (Lichtreflexwirkung). Feuchte kalte Spritzluft.

i) Fläche trocknet ungleich; Ursache: Schwankungen der Temperatur und Feuchtigkeit beim Spritzen — Unsauberer Untergrund.

---

[1] Siehe Spritztechnische Merkblätter: HUEBER; RUDOLF; KLOSE; ferner Unfallverhütungsvorschriften Nr. VBG 23. Verlag Heymann Berlin W 8.

[2] Siehe Werkstattbuch Heft 103 „Anstrichstoffe und -verfahren" von R. KLOSE.

C. Farbspritzautomaten für fließende Fertigung.

55. Bedeutung der fließenden Fertigung. Dort, wo es sich um Lackierung von Massenteilen handelt, verwendet man, wie auch im Maschinenbau, Automaten. Das automatische Arbeiten hat viele Vorteile, die sich je nach der Art und Abmessung der Werkstücke zeigen. Besonders wichtig ist die gleichmäßige Güte. Ferner werden die Organe der Luft- und Farbzufuhr so gesteuert, daß die zur Lackierung nötige reine Düsenzeit der theoretischen Düsengeschwindigkeit entsprechend ausgenutzt wird. Daraus ergibt sich das günstigste Verhältnis von Luft- und Farbverbrauch, bezogen auf die theoretische Ausflußmenge. Ferner darf nicht verkannt werden, daß die Platzkosten infolge der großen Leistungen äußerst gering sind, und daß ein solcher Apparat hygienisch einwandfrei arbeitet, da die entstehenden Farbnebel unmittelbar an der Entstehungsstelle abgezogen werden. Die Art der Lacke spielt keine Rolle, weil durch besondere Vorrichtungen oder Düsen jeder Lack verarbeitet werden kann. Die Leistungsfähigkeit eines Automaten steigt mit dem Verhältnis (Gesamtzeit — Totzeit): Gesamtzeit. Daher ist es angebracht, bei unrunden Gegenständen zur Verhütung von Totzeiten unbedingt besonders konstruierte Automaten zu verwenden. Durch die Anwendung mehrerer Düsen, die einzeln benutzt werden können, wird die Verhältniszahl weit günstiger, weil durch Längsvorschub das Werkstück der Düsengeschwindigkeit entsprechend bewegt werden kann. Die Automaten können auch gleichzeitig mit Trockentunneln versehen werden, so daß bei schnelltrocknenden Lacken fertig lackierte und getrocknete Teile die Maschine verlassen.

Da die Anstrichtechnik in alle Industrie- und Gewerbezweige greift, ist es nicht möglich, an dieser Stelle Automaten für alle Zwecke zu beschreiben. Es soll nur ein kurzer Überblick über die Konstruktion und die Arbeitsbedingungen gegeben und es sollen einige vielfach verwendbare Maschinen beschrieben werden.

56. Betriebsschwierigkeiten der Farbspritzautomaten rühren daher, daß die Mittel, die das Spritzgut befördern (Ketten, Rollen, Dorne, Bänder, Seile usw.) an der Spritzstelle vorbeiwandern müssen und dadurch starker Verschmutzung durch streuende Anstrichstoffe ausgesetzt sind, die oftmals die Beförderungsmittel auch stark angreifen. Außerdem bietet der feine Farbstaub für die gleitenden Teile größte Gefahr, so daß sie oft vor dem Eindringen des Staubes besonders geschützt sein müssen. Die Spritzapparate sind im Aufbau die gleichen wie früher, nur mit dem Unterschied, daß die der Abnutzung am meisten unterliegenden Teile stärker ausgeführt werden. Alle Automaten arbeiten nach dem Hochdruckverfahren. Infolge der hohen Leistungen und des dadurch bedingten Anstrichstoffverbrauchs arbeiten sie fast durchweg nach dem Drucksystem, wobei man dem Umlaufverfahren wiederum den Vorzug gibt.

57. Ausgeführte Konstruktionen. Handautomat (Abb. 72): Zwei beliebig verstellbare Apparate a und a_1 werden an einem Ständer schlittenartig durch Zahnradübersetzung mit Handhebel gleichzeitig auf und ab bewegt. Der Apparat a besitzt ein verlängertes Düsenstück, um Hohlkörper innen gut lackieren zu können. Die Farb- und Luftventile werden durch die Hebel d gesteuert, die an Rollen e durch Kurven bewegt werden. Da die Apparate sich nur geradlinig bewegen, muß der zu bearbeitende Körper noch umlaufen, wozu eine Drehscheibe dient, die durch das Blasrohr h mittels Preßluft bewegt wird.

Zeiteinsparungen und Leistungen der Handautomaten genügen oft den Ansprüchen der Massenfertigung nicht. Deshalb haben sich Vollautomaten, wie Abb. 73, herausgebildet: Farbspritzautomat mit stetiger Förderung, der die zu lackierende Ware automatisch vor die Spritzstelle bringt, wo sie in drehende Bewegung versetzt wird, während ein mechanisch arbeitender Apparat sie lackiert.

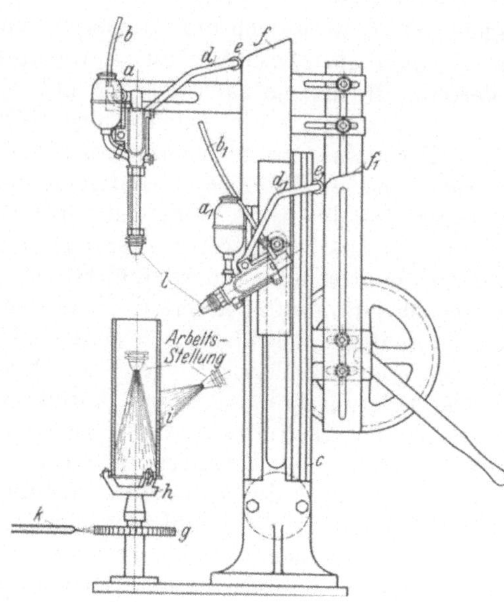

Abb. 72. Handbetätigter Farbspritzautomat.
a u. *a₁* Farbbecher; *b* u. *b₁* Luftzuführung; *c* Schlittenführung; *d* u. *d₁* Farb- und Luftsteuerhebel; *e* u. *e₁* Gleitrolle; *f* u. *f₁* Steuerkurve; *g* Turbinenscheibe; *h* Werkstückhalter; *i* Werkstück; *k* Blasdüse.

Der Apparat wird in einem Schlitten durch eine Kurvenscheibe auf und ab bewegt, wobei Farb- und Luftventil wie beim Handautomaten durch eine Kurve gesteuert werden. Nach der Lackierung gehen die Teile durch einen Heiztunnel und werden an dessen Ende von ihrem Sitz auf den Aufsteckdornen durch eine schiefe Ebene abgehoben, so daß sie nunmehr leicht abgenommen werden können. Abzugsvorrichtungen sind unmittelbar mit der Maschine verbunden.

Die Leistung richtet sich ganz nach der Form und Größe der Teile, denen entsprechend die Revolverscheibe mit Aufsteckdornen eingerichtet werden muß. Arbeitsbeispiele eines solchen Automaten mit neunteiligem Vorschub (Revolverscheibe): Schlauchkupplungen 130 mm hoch, 70 mm Ausladung, 1100—1300 Stück/Std. bei einem Lackverbrauch

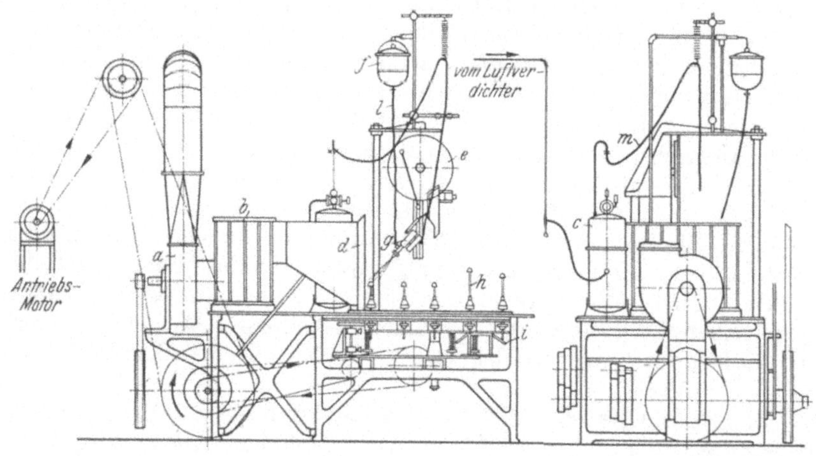

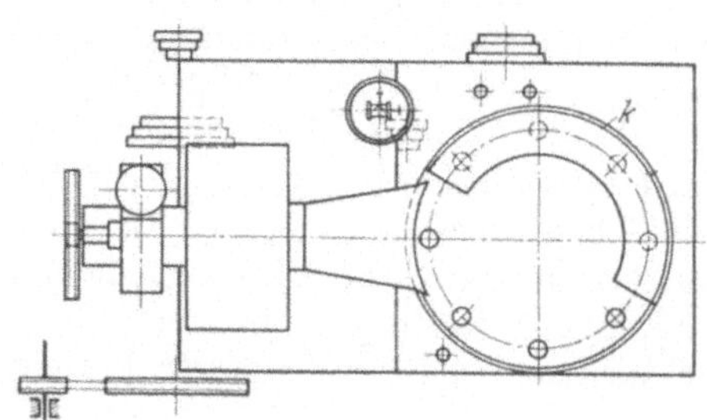

Abb. 73. Rundautomat mit mehrteiligem Vorschubrad.
a Ventilator; *b* Filterkasten; *c* Öl- und Wasserabscheider; *d* Abzugshaube; *e* Exzenterscheibe; *f* Farbbehälter; *g* Spritzapparat; *h* Aufsteckdorne; *i* schiefe Ebene; *k* Heiztunnel; *l* Farbleitung; *m* Luftleitung.

von 11 g/Stück; Thermosflaschenhülsen von 80 mm ∅, 175 mm Höhe, innen und außen zugleich gespritzt, 1500—1800 Stück/Std. Der Kraftbedarf beträgt trotz der hohen Leistung nur 1,5 PS. Leisten oder Bretter werden auf Automaten Abb. 74 gespritzt. Da die Teile gleichzeitig von mehreren Seiten angestrichen werden müssen, greifen mehrere automatisch gesteuerte Düsen an. Das Brett oder die Leiste wird an den ständig bewegten Düsen vorbeibefördert. Die Anstrichstoffe werden durch eine bereits beschriebene Umlaufanlage ständig in Bewegung gehalten, vermischt und gesiebt. Zum Reinigen der Farbleitungen ist unabhängig von dem Farbkessel ein Reinigungsgefäß für Lösungsflüssigkeit vorgesehen, das auch an die Umlaufpumpe angeschlossen ist, so daß das Rohrsystem und die Apparate ohne Bedienungskosten gereinigt werden. Der Automat hat drei Vorschubgeschwindigkeiten und drei Apparate, die es ermöglichen, von Latten 20—30 laufende Meter je Minute zu lackieren. Kraftbedarf einschließlich Lüftungsanlage und Umlaufpumpe 2,0 PS. Der Farbverbrauch beträgt rund 170 g/m². Abb. 75 veranschaulicht einige auf Rundautomaten ausgeführte Arbeitsstücke.

D. Leistungen und Kosten der Farbspritzverfahren.

58. Leistungen und Anstrichstoffverbrauch (vgl. Abschn. 46) sind abhängig von Düsendurchmesser, Strahlart, Art des Anstrichstoffes, Anstrichstofförderung, Arbeitsdruck und Stoffuntergrund. Liegen Werte und Größen für diese Einflüsse, die voneinander abhängig sind, fest,

Abb. 74. Farbspritzautomat für Bretter oder Leisten.

Abb. 75. Gegenstände, auf Farbspritzautomaten lackiert.

lassen sich Leistung und Anstrichstoffverbrauch ermitteln.

Die Versuche des Verfassers, deren Ergebnisse in den Abb. 76—79 und in den Tab. 4 und 5 zusammengestellt sind, geben Leistungen und Anstrichstoffverbrauch verschiedener Düsenbohrungen und Strahlarten an; sie können als Anhalt bei ähnlichen Verhältnissen dienen. Die Ermittlung gesuchter Werte sei an einem Beispiel erläutert:

a) Bei Hochdruck: 1,5 mm-Düse; Anstrichstoff: *Maschinengrau*. Aus Abb. 76 folgt:

$$\begin{aligned}
\text{Günstiger Betriebsdruck} &= 1{,}58 \text{ atü Rund- und Flachstrahl}\\
\text{Anstrichstoffverbrauch} &= 100 \text{ g/m}^2 \text{ Rund- und Flachstrahl}\\
\text{Spritzdauer für } 1\,\text{m}^2 &= 0{,}79 \text{ min Flachstrahl}\\
\text{Spritzdauer für } 1\,\text{m}^2 &= 1{,}36 \text{ min Rundstrahl}
\end{aligned}$$

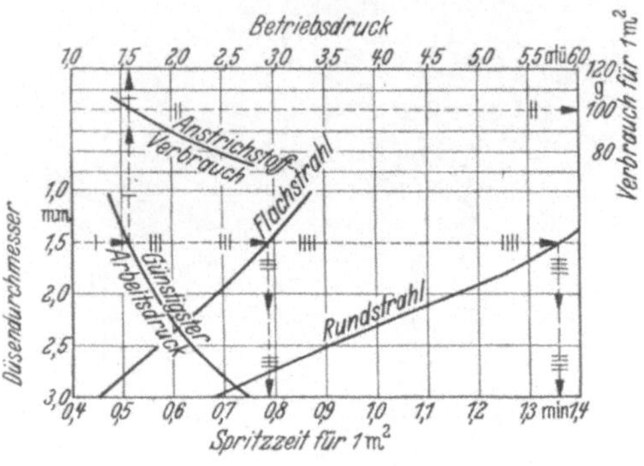

Abb. 76. Leistung bei maschinengrauer Ölfarbe.

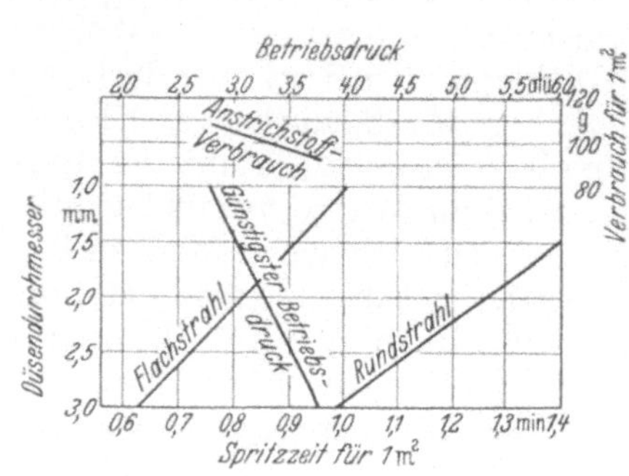

Abb. 77. Leistung bei Nitrolack.

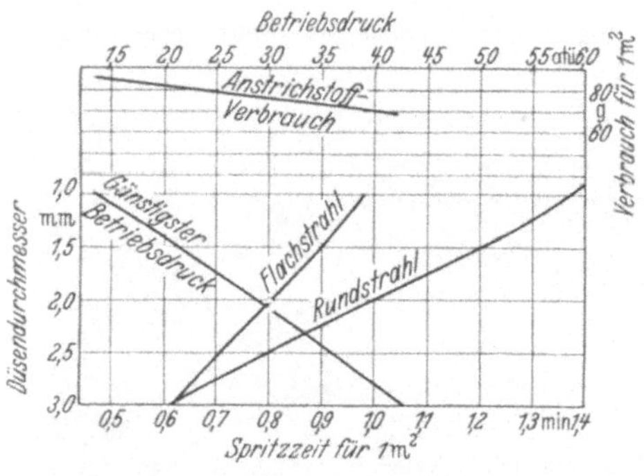

Abb. 78. Leistung bei Faktor-Ölfarbe.

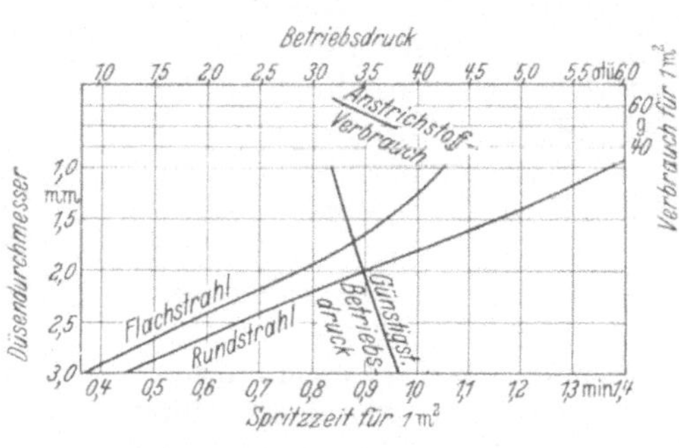

Abb. 79. Leistung bei Emaille-Lack.

Abb. 76/79. Leistungsschaubilder.

b) Bei Niederdruck werden die Farbdüsendurchmesser der Viskosität der Anstrichstoffe angepaßt, deshalb verwendet man, um bei der gleichbleibenden Zerstäubermenge annähernd gleiche Verhältnisse von Luftmenge und Anstrichstoffmenge zu haben, für Wasserfarben kleinste, für Öl- und Nitrofarben mittlere, für Leimfarben größte Düsendurchmesser. Tab. 4 und Abb. 80 geben die Leistungen einer 1,5-mm-Flach- und Rundstrahlpistole bei Verwendung von Nitro-und Öllacken auf S. M.-Blech an. Der Betriebsdruck hierbei ist gleichbleibend 0,3 atü.

Abb. 80. Leistung bei Niederdruckfließverfahren, 1,5 mm-Düse.
F Flachstrahl; *R* Rundstrahl; Linie 1 u. 3 Graue Ölfarbe;
Linie 2 u. 4 Nitrolack; Linie 3 u. 6 Faktor Ölfarbe.

Tabelle 4.

Art des Anstrichstoffes	Beschaffenheit des Anstrichstoffes			Leistung m²/min		Stoff-ver-brauch
	Spezifisches Gewicht	Viskosität s/100 cm³	Ver-dünnung %	Rundstrahl	Flachstrahl	g/m²
Maschinengrau	1,472	15	27	1,28	0,80	49
Nitro	0,952	12	45	1,60	1,20	40
Faktorgrün	1,352	14	25	1,44	1,16	35

Der geringere Anstrichstoffverbrauch bei Niederdruck ergibt sich aus der starken Verdünnung der spritzfertigen Anstrichstoffe, die ein geringes spezifisches Gewicht zur Folge hat. Da der Betriebsdruck beim Hochdruckverfahren immer gewisse Schwankungen aufweisen wird, werden Zeiten und Anstrichstoffverbrauch um 5—10% schwanken. Wendet man Saugverfahren an, erhöhen sich die Zeiten um annähernd 10—20%, während sie bei Druckverfahren annähernd um 20—30% kleiner werden.

59. Die Kosten für Kraft und Anstrichstoff richten sich in erster Linie nach den Leistungen und dem spezifischen Anstrichstoffverbrauch. Die für die Leistung maßgeblichen Faktoren sind bereits besprochen worden, unter ihnen bilden Düsenbohrung und Betriebsdruck den Ausgangspunkt für die Berechnung der Kraftkosten. Nach Beispiel Abschn. 58 errechnen sie sich folgendermaßen:

a) Kraftverbrauch: Hochdruck. 1,5-mm-Düse verarbeitet Maschinengrau. Günstiger Betriebsdruck 1,58 atü.

1. Rundstrahl: Nach Abb. 45 benötigt die 1,5-mm-Düse bei 1,58 atü = 3,4 m³/h. Nach Abb. 8 werden zur Erzeugung von 1 m³ von 1,58 atü = 0,0729 PS benötigt, für 3,5 m³ = 0,253 PS = 0,186 kW. (Abb. 81 stellt den nötigen Kraftbedarf zur Speisung einer 1,5-mm-Rund- und Flachstrahldüse für verschiedene Betriebsdrücke graphisch dar.)

2. Flachstrahl: 1,5 ⌀, Kraftverbrauch laut Abb. 81 0,29 kW.

b) Niederdruck: Bei Niederdruck ist der Kraftbedarf bei gleichbleibendem Betriebsdruck von 0,3 atü nach Abb. 81 = 0,36 kW. Da mit diesem Kraftaufwand ebenfalls noch eine 2,5-mm-Flachstrahldüse gespeist werden könnte, ist für die Durchführung der Kostenberechnung also ein Mittelwert herausgegriffen.

c) Anstrichstoffkosten: Preise der unverdünnten Anstrichstoffe, aus denen sich nach der jeweiligen Zusammensetzung nach Tab. 4 der Preis für die spritzfertigen Anstrichstoffe errechnen läßt, sind folgende:

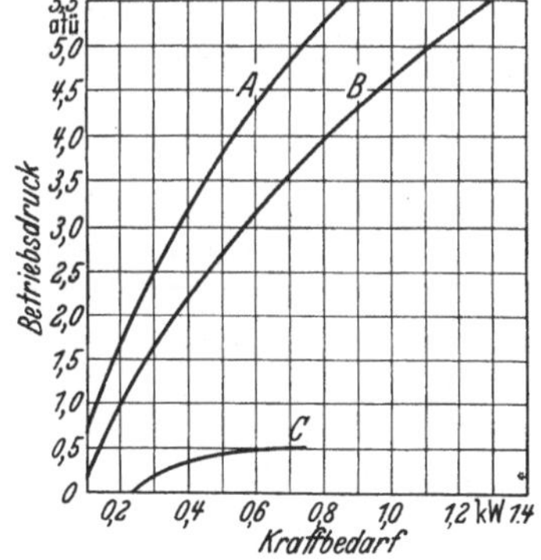

Abb. 81. Vergleich des Lufterzeugungskraftbedarfes bei Hoch- und Niederdruck
A Hochdruck-Rundstrahl 1,5 mm-Düse;
B Hochdruck-Flachstrahl 1,5 mm-Düse;
C Niederdruck-Rund- und Flachstrahl 1,0 bis 2,5 mm-Düse.

1. Maschinenanstrichfarbe grau = 0,73 M/kg
2. Nitro . . . . grün = 2,60 „ „
3. Faktor . . . . grün = 1,40 „ „

Verdünnung für 1 und 3 = 0,60 M/kg
Verdünnung für 2 = 1,20 M/kg

d) Beispiel der Preiserrechnung eines spritzfertigen Anstrichstoffes:

1. Hochdruck: Maschinenanstrichfarbe grau wird nach Tab. 2 7,5% verdünnt, mithin nötig für 1 kg spritzfertigen Anstrichstoff:

925 g Farbe	Preis: 0,925 · 0,73 =	0,675 M
75 g Verdünnung	0,075 · 0,60 =	0,045 M
1000 g		0,720 M

2. Niederdruck: Maschinenanstrichfarbe grau wird nach Tab. 2 27 % verdünnt, mithin nötig für 1 kg spritzfertigen Anstrichstoff:

$$\begin{array}{ll} 730\,\text{g} \ \text{Farbe} & \text{Preis: } 0{,}730 \cdot 0{,}73 = 0{,}53\,\text{M} \\ \underline{270\,\text{g}} \ \text{Verdünnung} & \underline{0{,}270 \cdot 0{,}60 = 0{,}16\,\text{M}} \\ 1000\,\text{g} & 0{,}69\,\text{M} \end{array}$$

60. Lohn- und Gesamtkosten. a) H o c h d r u c k : Aus Abschn. 59 a und b ergibt sich beispielsweise für 1 m² Anstrich mit Maschinengrau auf S. M.-Blech bei 1,5-mm-Düse und 0,30 M/kWh Stromkosten, bei einem Lohn von 1,00 M/h = 1,66 Pf./min:

1. Rundstrahl: Kraftbedarf = 0,186 kW, also Stromkosten = 0,186 · 0,30 M/h

$$= \frac{0{,}186 \cdot 0{,}30 \cdot 100}{60} = 0{,}093 \text{ Pf/min.}$$

Spritzdauer für 1 m² = 1,36 min; daher Stromkosten für 1 m² = 1,36 · 0,095 = 0,13 Pf.   Lohnkosten = 1,36 · 1,66 = 2,26 Pf. Anstrichstoffkosten: 1 kg = 0,72 M. Für 1 m² benötigt man 100 g, somit Kosten = 0,100 · 0,72 = 0,072 M = 7,2 Pf/m².

2. Flachstrahl: 1,5 ∅.   Kraftbedarf = 0,29 kW.   Spritzdauer für 1 m² = 0,79 min. Stromkosten für 1 m² = 0,79 · 0,145 = 0,12 Pf. Lohnkosten = 0,79 mal 1,66 = 1,31 Pf. Anstrichstoffkosten wie bei Rundstrahl 7,2 Pf/m².

b) N i e d e r d r u c k : 1. Rundstrahl: 1,5 ∅. Kraftbedarf = 0,36 kW. Spritzdauer für 1 m² = 1,28 min. Stromkosten für 1 m² = 1,28 · 0,18 = 0,23 Pf. Lohnkosten 1,28 · 1,66 = 2,12 Pf. Anstrichstoffkosten: 1 kg = 0,69 M. Für 1 m² = = 0,69 · 0,049 = 0,034 M = 3,4 Pf.

2. Flachstrahl: 1,5 ∅ Kraftbedarf = 0,36 kW. Spritzdauer für 1 m² = 0,80 min. Stromkosten für 1 m² = 0,80 · 0,18 = 0,14 Pf. Lohnkosten = 0,80 · 1,66 = 1,32 Pf. Anstrichstoffkosten wie bei Rundstrahl 1 m² = 3,4 Pf.

61. Kostenvergleich zwischen Hoch- und Niederdruck. Gegenübergestellt sind im Vergleich eine ortsfeste Kompressoranlage, die eine 1,5-mm-Flachrundstrahldüse speisen kann und eine Niederdruckanlage mit 0,3 atü Höchstbetriebsdruck, ähnlich Abb. 60.

Tabelle 5. K o s t e n v e r g l e i c h z w i s c h e n H o c h- u n d N i e d e r d r u c k
(4000 m² Anstrichfläche im Jahr bei 1,5 mm Düse).

Anstrichstoffe	Verfahren	Strahl-art	Strom-kosten Pf/m²	Kapital-kosten Pf/m²	Lohn-kosten Pf/m²	Anstrich-stoffkosten Pf/m²	Gesamt-kosten Pf/m²
Maschinengrau	Hochdruck	rund	0,13	8,25	2,26	7,2	17,84
		flach	0,12	8,25	1,31	7,2	16,88
	Niederdruck	rund	0,23	4,45	2,12	3,4	10,20
		flach	0,14	4,45	1,32	3,4	9,31
Nitrolack, grün	Hochdruck	rund	0,26	8,25	2,32	23,2	34,03
		flach	0,37	8,25	1,53	23,2	33,35
	Niederdruck	rund	0,29	4,45	2,66	6,8	14,20
		flach	0,22	4,45	2,00	6,8	13,47
Faktorlack, grün	Hochdruck	rund	0,16	8,25	2,00	10,8	21,21
		flach	0,18	8,25	1,50	10,8	20,73
	Niederdruck	rund	0,26	4,45	2,39	4,8	11,90
		flach	0,21	4,45	1,98	4,8	11,44

Zu jeder Anlage gehört eine Arbeitskabine mit Absaugevorrichtung.

Anlagekosten der Hochdruckanlage   1.500,— M

      „   „   Niederdruckanlage   810,— „

Es seien gerechnet für: Verzinsung 10 %; Abschreibung 7 %; Instandhaltung 5 %; gesamt 22 %. Als geringste Leistung sind 4000 m² Jahresleistung angenommen. Es kosten somit die Verzinsung, Abschreibung, Instandhaltung für 1 m²:

$$\text{Hochdruck} \quad 1500 \cdot \frac{22}{100} \cdot \frac{1}{4000} = 0{,}0825 \text{ M} = 8{,}25 \text{ Pf.}$$

$$\text{Niederdruck} \quad 810 \cdot \frac{22}{100} \cdot \frac{1}{4000} = 0{,}0445 \text{ M} = 4{,}45 \text{ Pf.}$$

Diese Werte addieren wir zu den für Maschinengrau auf S. 49/50 ermittelten Strom-, Lohn- und Anstrichstoffkosten, woraus sich dann die Vergleichswerte der Tab. 5 ergeben. Diese Tabelle ist durch die in gleicher Weise ermittelten Rechnungsergebnisse für Nitro- und Faktorlack vervollständigt.

Die geringeren Kosten des Niederdruckverfahrens sind außer in den niedrigen Kapitalkosten vor allem in den billigeren spritzfertigen Anstrichstoffkosten zu suchen. Da naturgemäß die Deckkraft des Anstriches unter der starken Verdünnung leidet, muß von Fall zu Fall entschieden werden, ob sie den jeweiligen Ansprüchen genügt oder einen doppelten Arbeitsgang nötig macht, durch den dann die Kosten beider Verfahren die gleichen würden.

V. Farbnebelbeseitigung.

62. Notwendigkeit. Die physikalischen Vorgänge beim Farbspritzen bedingen eine Nebelbildung. Nebel entsteht dadurch, daß der Taupunkt der Luft unterschritten wird, d. h. die Luft sich soweit abkühlt, daß sie den in ihr gelösten Wasserdampf nicht zu halten vermag und ihn in Tropfenform ausscheidet. Die Abkühlung der Luft beim Spritzen hat ihren Grund einmal in der Entspannung und Ausdehnung des Luftstrahles, sodann in der Verdunstung des Lösungsmittels, die beide Wärme binden. Die Feuchtigkeit der Luft, die die Nebelbildung bei der Abkühlung erst möglich macht, rührt einmal von der allgemeinen Feuchtigkeit der Raumluft her und ist andererseits in dem Preßluftstrahl enthalten.

Schweben Kondensationskerne in der Luft, bildet sich der Nebel leichter; beim Spritzen wirken als solche Kerne die einzelnen Farbkörnchen, die, von dem Preßluftstrahl gegen die zu spritzende Fläche geworfen, abprallen und nun außerhalb des Spritzkegels die Nebelbildung begünstigen. Die aus den dem Verbraucher meist unbekannten Zusammensetzungen der Anstrichstoffe entstehenden Nebel sind oftmals gesundheitsschädigend und können Störungen der Atmungsorgane und Schleimhäute verursachen. Sogar das Zentralnervensystem kann stark in Mitleidenschaft gezogen werden. Außerdem riechen die vielen Verdünnungsmittel sehr stark und belästigen damit die im Raum beschäftigten Personen. Es genügen z. B. bei Äthyläther 0,001 g, bei Amylazetat 0,09 g, bei Methylalkohol 0,6 g auf 1 m³ Luft, um die diesen Stoffen anhaftenden Gerüche wahrnehmbar zu machen. Ferner bilden Verdunstungsdämpfe der Lösungs-, Verdünnungs- und Weichmachungsmittel im bestimmten Mischverhältnis mit Luft explosible Gemische. Z. B. ist ein Benzinluftgemisch mit mehr als 2,6 % Benzindampf schon explosionsgefährlich, während bei Benzol die Grenze zwischen 3 und 6 % liegt. Weiter können die Farbnebel auch auf das Arbeitsstück selbst schädigend wirken, da derartige feine Niederschläge auf bereits behandelten Flächen ein Abbinden der aufgetragenen Farbschicht verhindern und später zu Abblättern Anlaß geben. Diese Mängel machen es nötig, Abzugsvorrichtungen vorzusehen, die folgende Zwecke gleichzeitig erfüllen:

1. Beseitigung gesundheitsschädlicher Dämpfe und Dünste.
2. Beseitigung explosibler Gemische.
3. Beseitigung der Farbnebel, die die Haltbarkeit des Anstriches schädigen.

Die Absaugeanlagen müssen ganz nach der Art der Anstrichstoffe, des Arbeitsdruckes und der stündlich zu verarbeitenden Stoffmengen ausgebildet werden.

63. Untersuchungen von Farbspritznebeln (Teilchengröße, Sinkgeschwindigkeit und sonstiges Verhalten). Bei der Planung von Farbstaubentlüftungsanlagen war man sich über die günstigste Entlüftungsart immer im unklaren. Warum? Es fehlte bisher an Untersuchungen, die das Verhalten der Farbnebel einwandfrei wiedergaben, so daß daraus Schlüsse für eine wirtschaftliche Entlüftung gezogen werden könnten. Solche Untersuchungen wurden vom Verfasser vorgenommen [1]; einige allgemein interessierende Ergebnisse sollen hier besprochen werden.

a) Versuchsanordnung und Durchführung. Zur einwandfreien Ermittlung des Verhaltens der Farbnebel wurde im ruhenden Raum gespritzt, in dem am Fußboden und an der Decke mit Klebemasse benetzte Platten ausgelegt waren. Außerdem wurden Vergleichsmessungen mit dem Konimeter (Konimeter sind Geräte zum Messen des Staubes- oder Tröpfchengehaltes der Luft)

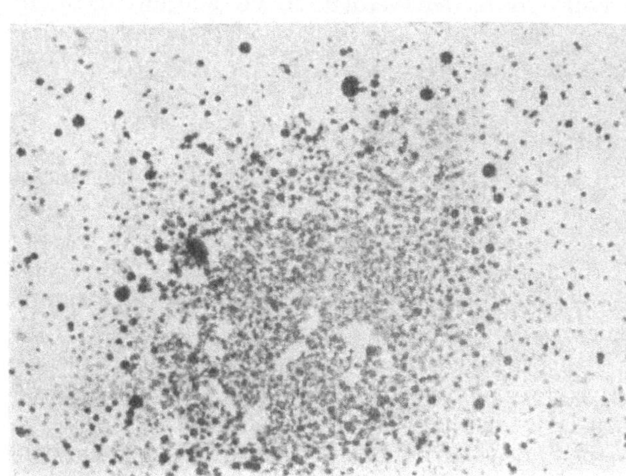

durchgeführt. Gespritzt wurde gegen eine 1 m² große Platte. Die ausgelegten Meßplatten wurden 30 min danach aus dem Raum entfernt. In dieser Zeit hätten die Teilchen, wie so viele Fachleute behaupten, nach unten fallen müssen. Zum Versuch wurden die heute in der Industrie gebräuchlichsten Anstrichstoffe wie: Öl-, Nitro- und Kunstharz (Alkydal) herangezogen [2]. Gespritzt wurde mit einem für alle Anstrichstoffe ausreichenden Betriebsdruck von 3,5 atü durch eine

Abb. 82. Farbnebeltröpfchen mit aufgeplatzten Lösungsmittelbläschen, aufgefangen auf Konimeterscheibe. 180 000 Tröpfchen je Liter Luft. Tröpfchengröße im Mittel = 6,3/1000 mm.

1,5-mm-Rundstrahldüse. Die Spritzversuche wurden in Abständen von 4 Stdn. durchgeführt, damit eine völlige Beruhigung und Verteilung der durch die turbulenten Strömungen bewegten Luft erreicht wurde.

b) Versuchsergebnisse. Erwartungsgemäß ergaben sich beim Verarbeiten der einzelnen Anstrichstoffe unterschiedliche und verschieden große Tropfen. Beim Nitrolack ist zu beobachten, daß die Tröpfchen Kugeln darstellen und das im Lack enthaltene Verdünnungsmittel z. T. von Lacken bzw. Lackpigmentteilchen umhüllt ist.

Durch die innere höhere Spannung infolge Temperaturerhöhung zerplatzten die wie bunte Glaskugeln aussehenden Teilchen und hinterließen auf der Auffangplatte kreisförmige Umrisse. Auch beim Auffangen mittels Konimeters sind diese Erscheinungen erkennbar. Diese mehr aus Lösungsmitteln bestehenden Tröpfchen sind in größerer Anzahl im Farbnebel enthalten als die wirklichen Farbtröpfchen.

---

[1] R. Klose, Untersuchungen über das Verhalten von Farbnebeln in Spritzlackierereien. Werkstattstechn. Bd. 31 (1938) Nr. 1 S. 12.

[2] R. Klose, Betrachtungen über die Prüfung von Anstrichstoffen. Maschinenbau, Betrieb Bd. 16, (1937) S. 507.

Abb. 82 läßt diese deutlich erkennen. Eine Auszählung der wirklichen Tröpfchen war nur im Netzmikrometer bei durchfallendem Licht möglich. Die Form der frei im Raum fallenden Farbtröpfchen ist aus den Abb. 83 bis 85 ersichtlich.

Man erkennt hier deutlich beim Nitrolack die rein kugelige Form, beim Öl- und Kunstharzlack sind es vielgestaltige Gebilde. Auffallend ist, daß, entgegen der bisherigen Ansicht, die Tröpfchen der Kunstharzlacke kleiner sind als die der Nitrolacke. Bemerkenswert sind auch die Größenunterschiede der aus verschiedenen Anstrichstoffen gebildeten Tröpfchen. Diese betragen im Mittel bei Kunstharz $3\,\mu$ [1], Nitrolack $6,5\,\mu$, und bei Öllacken $12,5\,\mu$.

Verwertet man die von LITZNAR durch Versuche [2] ermittelte Formel für die Fallgeschwindigkeit von Regentröpfchen, so kommt man zu Werten, wie sie in Abb. 86 dargestellt sind. Hierbei ist zu berücksichtigen, daß die Fallgeschwindigkeit der Kunstharz- und Öllacktröpfchen aber bestimmt praktisch bedeutend geringer ist, da diese beim Fallen doch einen bedeutend größeren Widerstand finden als Kugeln. Man erkennt an dem Schaubild, daß z. B. beim Nitrolack die Fallgeschwindigkeit im Mittel $0,35$ cm/s $= 21$ cm/min beträgt. Der geringste Wärmeauftrieb wird daher solche kleinen Tropfen niemals zur Erde fallen lassen, sondern sie immer wie einen Ball im Raum auf- und abbewegen. Die Dichte der Staubteilchen, bezogen auf den Liter Luft, schwankt zwischen 50 000—180 000.

Daraus geht hervor, daß diese Tröpfchen auch sicher ein hohes elektrisches Aufladevermögen besitzen. Daß dies der Fall ist, geht aus der Tatsache hervor, daß bei Verwendung von Aluminium als Pigment sich die Tröpfchen infolge elektrischer Aufladung schnell zu Klumpen vereinigen.

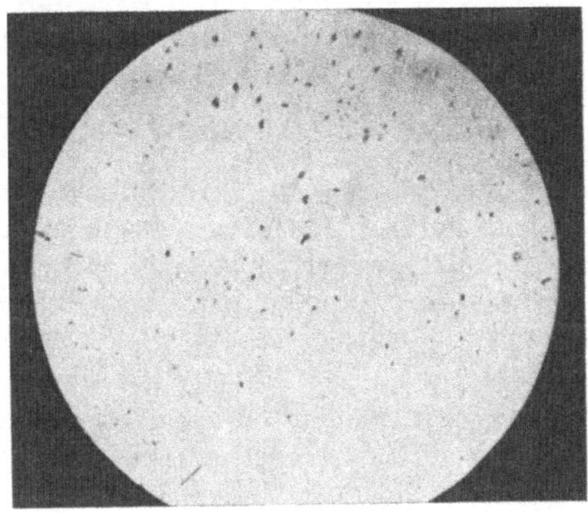

Abb. 83. Tröpfchenbildung bei Kunstharzlack.

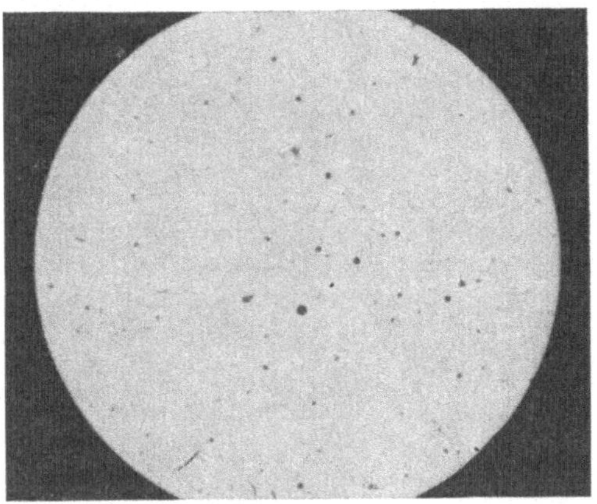

Abb. 84. Tröpfchenbildung bei Nitrolack.

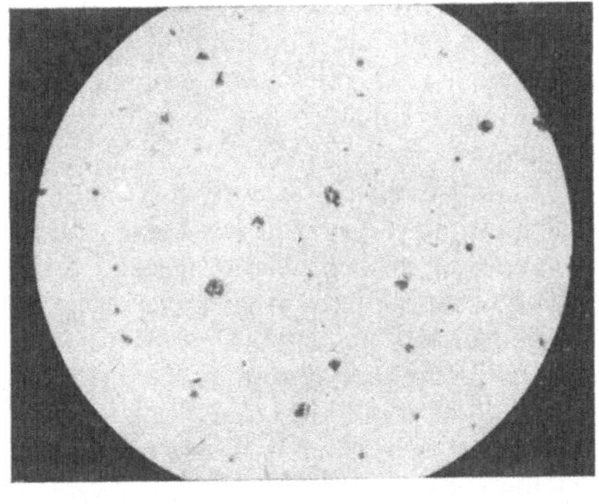

Abb. 85. Tröpfchenbildung bei Öllack.

---

[1] $1\,\mu = {}^1/_{1000}$ mm.　　[2] J. LITZNAR, Meteorol. C. (1914) Nr. 7.

Eines ist jedenfalls schon jetzt durch Versuche bewiesen, nämlich, daß die Nebelbildung beim Farbspritzen mit abnehmendem Arbeitsabstand von der Spritzdüse zur Fläche ebenfalls abnimmt.

c) Schlußfolgerungen. Welche Schlüsse kann nun die Praxis aus den Untersuchungen ziehen? Da die Farbtröpfchen, wie die Versuche bewiesen haben, beim Zerstäuben so klein sind und dadurch in der Schwebe gehalten werden, ist zu ihrer restlosen Entfernung aus dem Raum eine über den gesamten Querschnitt des Raumes gleichmäßig verteilte Strömungsgeschwindigkeit der Luft erforderlich. Das ist auch notwendig, weil die Dichte der im Raum schwebenden Farbtröpfchen sehr groß ist und diese Staubteilchen auch als stark feuerleitend betrachtet werden können.

In großen Räumen oder in Hallen kann man aber aus wärmetechnischen Überlegungen nicht durch den ganzen Raumqerschnitt Luft von bestimmter Geschwindigkeit streichen lassen. Solche Anlagen würden in der Anschaffung und im Betrieb zu teuer werden. Darum muß man auf Grund der gewonnenen Kenntnisse die Nebel mit so großer Geschwindigkeit von der Entstehungsstelle wegtreiben, daß

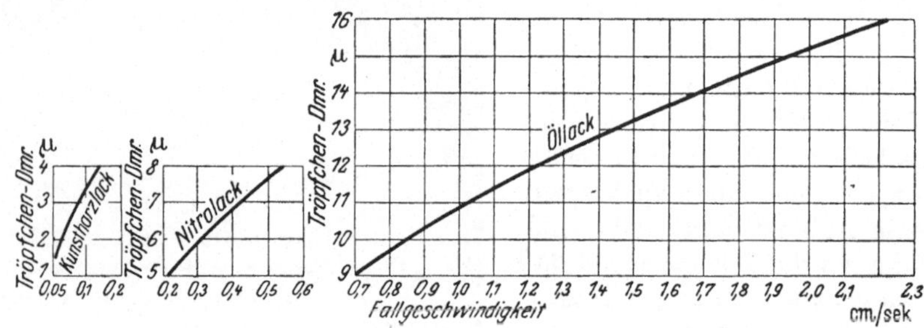

Abb. 86. Rechnerisch ermittelte Fallgeschwindigkeit der Tröpfchen verschiedener Anstrichstoffe. Tröpfchengröße entsprechend dem Spritzdruck von 3,5 atü.

die ausströmende Luft injektorartig das umliegende Feld absaugt. Die so gewissermaßen aus dem freien Raum gesammelten Nebel werden nunmehr einer Weiterleitungsstelle zugeführt. Auf Grund der angestellten Messungen sind Schlüsse gezogen und andere als die bisher üblichen Lüftungsanlagen gebaut worden.

64. Ventilatoren. Die Nebel und Dämpfe können durch Ventilatoren beseitigt werden. Verwendet werden in der Hauptsache Zentrifugalventilatoren, sowohl die saugende wie die blasende Form, vorwiegend jedoch die saugende. Da der Farbnebel leicht Gehäuse und Flügel versetzt, wählt man große Gehäuseraumabmessungen.

Radial endende Schaufeln haben sich gegenüber den vorwärts und rückwärts gekrümmten am besten bewährt. Um Ansetzen von Farbstaub in den Flügeln zu vermindern, was den Wirkungsgrad des Ventilators stark beeinträchtigt und außerdem gewöhnlich einseitige Lagerbelastungen verursacht, nimmt man weitflügelige Ausführungen.

Der Druck zur Erteilung der erforderlichen Luftgeschwindigkeit (dynamischer Druck), der mit 8—20 mm W.-S. gewählt wird, und der Druck zur Überwindung der vorherrschenden Widerstände (statischer Druck) von 4—90 mm W.-S. kennzeichnen die benutzten Ventilatoren als Niederdruckventilatoren. Das Gehäuse muß leicht abnehmbar sein, damit man die Flügel öfters reinigen kann. Eine Sonderart für Farbspritzzwecke stellen die Wasserstrahlumluftventilatoren dar

(Abb. 87). Grundlegend unterscheiden sie sich von den üblichen dadurch, daß sie mit einer Wasserstrahleinrichtung versehen sind, und sich außerdem um das Flügelrad ein umlaufender Stufenfilter befindet. Das Wasser wird teils durch die Nabe des Flügelrades, teils in den Stufenfilter eingeführt, wodurch der abgezogene Farbstaub unter Wasser niedergeschlagen wird, mit ihm eine emulsionsartige Verbindung eingeht und durch die Zentrifugalkraft gegen die Gehäusewand des Ventilators geschleudert wird. An dieser befinden sich Ablaufbleche, die das mit Farbe vermengte Wasser in einen Klärbehälter unter dem Gehäuse leiten. Das Wasser wird gereinigt und durch eine Pumpe dem Ventilator wieder zugeführt. Die gereinigte Luft wird durch die Ablaufvorrichtung von der Flüssigkeit befreit, geht durch die Ausblasöffnung zu einem Filter, tritt getrocknet wieder heraus und kann im Arbeitsraum oder für Umluftventilatoren verwendet oder ins Freie ausgeblasen werden.

65. Regeln für die Lüftung. Die Anforderungen, die an Abzugskabinen und andere Einrichtungen zur Absaugung zu stellen sind, sind sehr vielseitig. Die vom Ventilator zu bewältigende Luftmenge muß sich in erster Linie nach der Menge der zu verarbeitenden Anstrichstoffe richten. Auf 1 kg verspritzten Anstrichstoff sind 25 m³ Dampfluftspritzgemisch und Raumluft abzusaugen. Dieser Wert bezieht sich auf die reine Düsenleistung der Pistole. Durchschnittlich kann man mit einer Pistolenleistung von 4—6 kg/h Anstrichstoffförderleistung rechnen. Dabei käme also

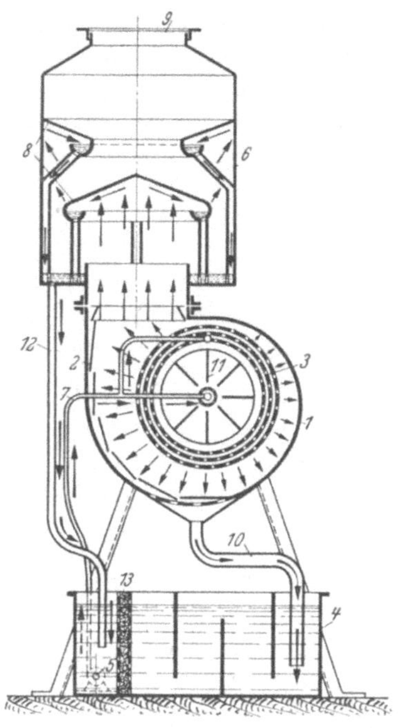

Abb. 87. Umluft-Wasserstrahl-Ventilator. 1 Ventilatorgehäuse; 2 Prallbleche; 3 Stufenfilter; 4 Niederschlagbecken; 5 Wasserpumpe; 6 Filterhaube; 7 Wasserleitung; 8 Wasserrücklaufrinne; 9 Ausblaseöffnung; 10 Wasserrücklauf; 11 Ventilatorflügel; 12 Wasserrücklaufleitung; 13 Wasserfilter.

eine Lufterneuerung von 110—150 m³/h in Frage. Zu berücksichtigen ist, daß die in der Schwebe befindlichen Staubteilchen auch eine gewisse Geschwindigkeit in der Arbeitskabine voraussetzen, um überhaupt ergriffen zu werden. Diese Geschwindigkeit ist mit 0,5—1,5 m/s als genügend anzusehen und richtet sich nach dem spezifischen Gewicht des Anstrichstoffes. Auf alle Fälle muß alles daran gewandt werden, die schwebenden Farbnebel und Dämpfe nicht außerhalb des Spritzstandes gelangen und zur Ruhe kommen zu lassen. Die dem angesaugten Nebel erteilte Anfangsgeschwindigkeit von 0,5—1,5 m/s muß sich deshalb nach der Rohrleitung hin bis auf 12—20 m/s erhöhen. Lange Rohrleitungen, die Reibungsverluste verursachen könnten, sind zu vermeiden und die Saugöffnung des Ventilators ist so nahe wie möglich an die Kabine zu bringen (möglichst Einzelantrieb wählen). Ebenso müssen Einzelwiderstände, wie Schieber, Klappen, Krümmer, Abzweigungen, Verengungen und Erweiterungen, die Druck- und Geschwindigkeitsverlust herbeiführen, tunlichst fortbleiben. Die Reibungs- und Einzelwiderstände sind nicht allein wirtschaftlich von Nachteil, sondern sind Gefahrenquellen; die Dämpfe verschiedener Lösungsmittel können sich beim Durchströmen der Rohre an sog. toten Stellen in der Leitung ablagern, elektrisch aufladen und ein hochexplosibles Gasluftgemisch bilden. Der gleiche Vorgang ist möglich, wenn in dem Raum, in

dem sich die Arbeitskabine befindet, die Luft nicht genügend wechselt. Der Luft-
inhalt des Raumes soll stündlich 4—5mal erneuert werden. Hieraus ergibt sich,
daß die Räume, in denen sich gesonderte Spritzstände befinden, nicht zu groß sein
sollen. Dabei soll für jede im Raum beschäftigte Person ein Luftraum von rund
15 m³ vorhanden sein, wobei die Bodenfläche mindestens mit 3 m² anzunehmen ist.

   Da die Lüftungseinrichtung häufig an sich schon als notwendiges Übel angesehen wird, muß man, um ihre Kosten tragbar zu machen, auch den für die Erzeugung der Luftmengen nötigen Kraftbedarf soweit wie möglich herabdrücken. Im
allgemeinen ist, wenn möglich, die Einzelabsaugung zu wählen. Dabei soll man mit
der Geschwindigkeit im Rohr möglichst weit heruntergehen. Man bekommt dann zwar
große Rohrabmessungen, aber dafür Ventilatoren mit geringer Drehzahl und geringem
Kraftbedarf. Voraussetzung ist allerdings die Verwendung von Farbsammlern mit sehr
geringen Widerständen. Beim Absaugen durch einen Strang mit mehreren Neben-
rohren würden große Rohre stören, da sie den Raum verdunkeln. Man sollte danach
streben, verzweigte Absaugungen überhaupt zu vermeiden, da sie stets Verlustquellen
darstellen.

   Selbst wenn eine weitverzweigte Rohrleitung ordnungsgemäß angelegt ist und man
Selbstschlußdrosselklappen eingebaut hat,
um Wärmeverluste zu vermeiden, sind doch
die Verluste in der Leitung nicht auszu-
schalten. Sie können nur durch Fortfall des
Leitungsnetzes vermindert werden. Eine
Berechnung beweist dies.

   Abb. 88 zeigt eine Entlüftungsanlage für
die beiden Räume A und B. Der Standort
der vier Absaugstellen ist aus Fertigungs-
gründen festgelegt. Aus dem verarbeiteten

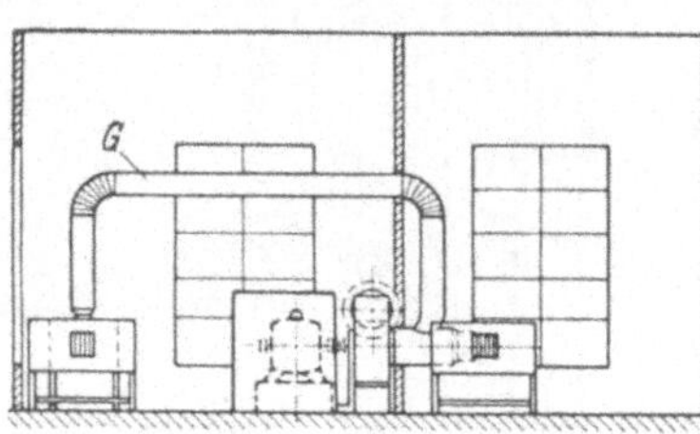

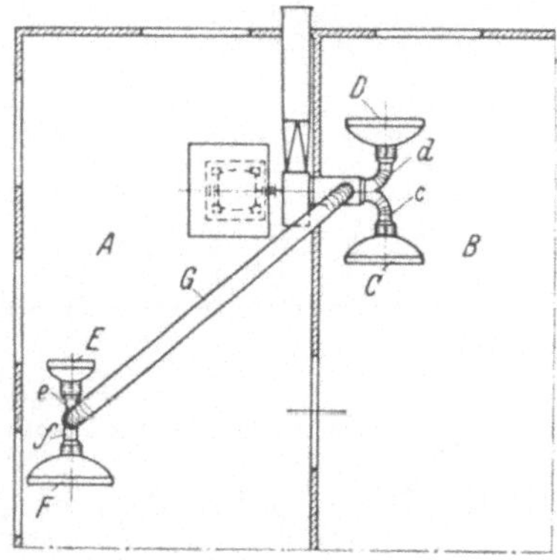

Abb. 88. Rechnerische Betrachtung von
Absaugeanlagen.

Anstrichstoff mit einem spezifischen Gewicht von 1,25 errechnet sich die Luftgeschwindigkeit v_1 an der Absaugeöffnung zu 0,8 m/s. Aus ihr und aus der Arbeits-
öffnung der Absaugestelle ergibt sich die vom Ventilator zu fördernde Luftmenge zu:

Absaugestelle	Durchmesser der Absaugeöffnung	Luftmenge
C	$d_1 = 250$ mm	$V_1 = 1,02$ m³/s
D	$d_2 = 250$ mm	$V_2 = 1,02$ m³/s
E	$d_3 = 180$ mm	$V_3 = 0,51$ m³/s
F	$d_4 = 250$ mm	$V_4 = 1,02$ m³/s

   Die gesamte vom Ventilator zu fördernde Luftmenge beträgt also $V_m =$
3 · 1,02 + 0,51 = 3,57 m³/s, woraus sich bei einer Gasgeschwindigkeit im Saug-
rohr von $w = 16$ m/s eine Saugöffnung des Ventilators von ≈ 540 mm ∅ ergibt.
Die Abzweigrohre erhalten 360 mm (c, d und f) und 310 mm (e) ∅ und das Ab-
leitungsrohr ebenfalls 310 mm ∅. Zur Ermittlung des Kraftbedarfes für den Ventilator ist es nunmehr zunächst nötig, die Summe der Reibungs- und Einzelverluste
festzustellen. Der Gesamtdruck P_g ergab sich aus Saug- und Druckhöhe zu $P_g =$

$h_s + h_d = 39{,}65 + 15{,}6 = 55{,}25$ mm W.-S. Aus der Beziehung $L_{eff} = \dfrac{V_m \cdot P_g}{75 \cdot \eta}$ errechnet sich dann mit Wirkungsgrad $\eta = 0{,}6$ der Kraftbedarf für die Leitung bei gleichmäßiger Beaufschlagung zu

$$L_{eff} = \frac{3{,}57 \cdot 55{,}25}{75 \cdot 0{,}6} = 4{,}36\ \text{PS}.$$

Sobald die Rohre verschmutzt sind und das Filter stark versetzt ist, erhöht sich dieser Wert. Macht man nun aus der einen Anlage zwei voneinander unabhängige, dann ergibt sich für die Absaugestellen C und D

$$L_{eff} = \frac{2{,}04 \cdot 40{,}3}{75 \cdot 0{,}6} = 1{,}83\ \text{PS, für die Stellen } E \text{ und } F$$

$$L_{eff} = \frac{1{,}53 \cdot 41{,}01}{75 \cdot 0{,}6} = 1{,}39\ \text{PS}.$$

Die Leistungsersparnis beträgt somit bei Gruppenunterteilung 1,14 PS $= \approx 26\%$. Noch größer werden die Ersparnisse, wenn Einzelbetrieb verwendet wird. Hierbei fallen dann sämtliche Einzelwiderstände, hervorgerufen durch Rohrbogen oder Hosenstücke, fort. Der Ventilatorstutzen kann unmittelbar an die Absaugestelle angeschlossen werden. Lediglich die Verluste des Filters sind noch zu berücksichtigen. Die Leistung an jeder der Absaugestellen C, D, F beträgt dann

$$L_{eff} = \frac{1{,}02 \cdot 24{,}96}{75 \cdot 0{,}6} = 0{,}56\ \text{PS}$$

und an der Stelle E

$$L_{eff} = \frac{0{,}51 \cdot 24{,}96}{75 \cdot 0{,}6} = 0{,}28\ \text{PS}.$$

Der gesamte Leistungsbedarf ist also bei Einzelantrieb $3 \cdot 0{,}56 + 0{,}28 = 1{,}96$ PS, so daß die Ersparnis gegenüber dem gemeinsamen Antrieb 55% beträgt.

Der Einzelbetrieb bietet demnach nicht nur lufttechnische, sondern auch betriebstechnisch große Vorteile. Außerdem ist beim Einzelantrieb die Möglichkeit gegeben, die Anlage nur dann laufen zu lassen, wenn gespritzt wird.

66. Rückgewinnung zerstäubter Anstrichstoffe und Lösungsmittel. a) Die Arbeitstische und Kabinen werden gleichzeitig als *Farbsammler* benutzt. Sie fangen einmal den Farbstaub auf und dienen weiter als Auffangvorrichtung für überflüssig verspritzten Anstrichstoff. Farbnebel aufzufangen ist äußerst wichtig, weil dadurch der Wirkungsgrad der Ventilatoren erhöht und die Explosionsgefahr und Feuersgefahr verringert wird. Um eine Verschmutzung des Ventilators und der Absaugleitung durch mitgerissene Farbtröpfchen zu verhindern, ordnet man Auffangvorrichtungen verschiedener Art an: Durchlochte Bleche, Drahtgeflecht, Zickzackbleche, Raschigringe. Alle Vorrichtungen befinden sich vor der Saugöffnung der Kabine, so daß der Farbnebel gezwungen ist, vor Eintritt in das Abzugsrohr durch sie hindurchzugehen.

Damit Anstrichstoffkrusten leicht abgehen, bestreicht man Abzugstische und Kabinen innen mit Ruklo-Paste. Die auf diese Weise gesammelten Farbrückstände sind nicht wieder verwendbar. Es gibt aber Kabinen, die es gestatten, Farbnebel und Rückstände so zu sammeln, daß sie weiterverarbeitet werden können.

Abb. 89 zeigt eine einfache Abzugskabine, bei der der Arbeitstisch als Drehschüssel c ausgebildet ist, deren Segmentbleche mit Wasser gefüllt sind. Über ihnen liegen Spritzgutauflageroste. Überschüssiger Anstrichstoff setzt sich auf der Wasserfläche nieder, sinkt mit der Zeit durch eigene Schwere unter und bleibt somit durch Vermischung mit Penetrinlöser immer verwendungsfähig. Eine ähnliche Einrichtung für Zaponlackrückgewinnung zeigt Abb. 90. Farbnebel und überschüssig zer-

stäubte Anstrichmittel schlagen sich an den wasserberieselten Prallblechen nieder
und werden dem Sammelbecken zugeführt. Die so zurückgewonnenen Reste können, ausgeschleudert, mit Penetrinlöser aufgelöst und wieder nutzbar gemacht
werden.

b) Rückgewinnung von Lösungsmitteln. Aus Lackabfällen
oder verschmutzten Reinigungsmitteln ist mit Destillierapparaten nach Abb. 91
90% Rückgewinnung möglich. Hier handelt es sich um den gebundenen Teil der
Lösungsmittel. Die zur Verflüssigung der Anstrichstoffe verwendeten Lösungs-

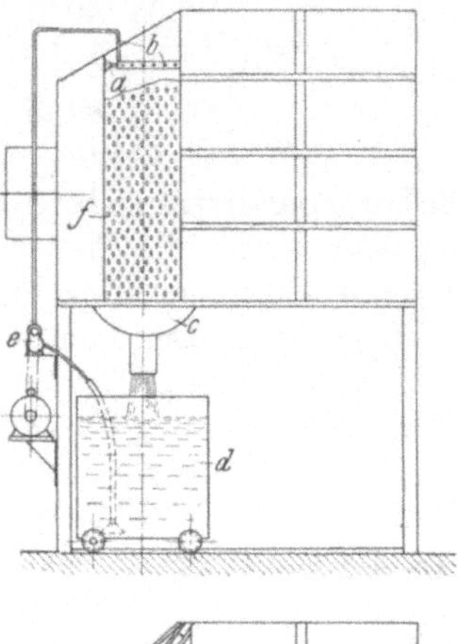

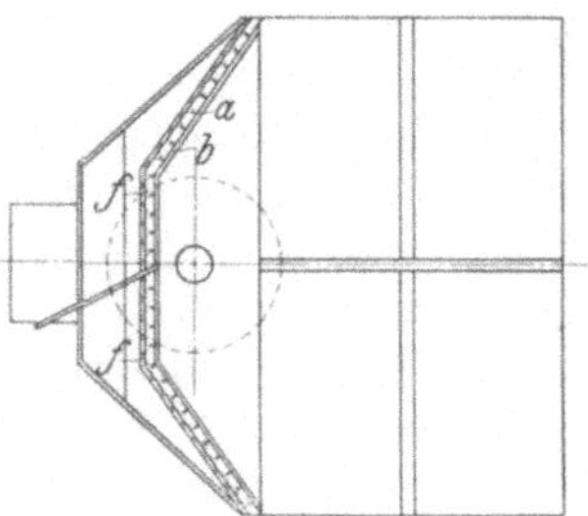

Abb. 89.
Spritzkabine mit Farbrückgewinnungseinrichtung.
a Wassergefüllte Sammelbecken; *b* Auflageroste;
c Luftausgleichsfilter mit Luftreinigungsfilter.

Abb. 90. Spritzkabine mit Farb-
niederschlag.
a berieselte Rückwand; *b* Wasser-Um-
laufleitung; *c* Abflußrinne; *d* Sammel-
gefäß; *e* Umlaufpumpe; *f* Prallbleche.

mittel verdunsten aber der Art des Anstrichstoffes entsprechend beim Spritzen
mehr oder weniger. Man kann mit 15—50% Verdunstung rechnen. Bei den teuer-
sten Lösungsmitteln ist der Verdunstungsprozentsatz am größten, weshalb es loh-
nend ist, sie wiederzugewinnen. Die Verfahren zur Rückgewinnung flüchtiger Lösungsmittel beruhen auf Kondensation, Kompression und Kühlung, Absorption und
Adsorption. Die Adsorption hat sich für die Praxis am geeignetsten gezeigt, und
von den sich dabei bietenden Möglichkeiten der Rückgewinnung ist das Bayer-
verfahren (Patent) am einfachsten und wirtschaftlichsten. Sein Adsorptionsmittel
besteht in Aktivkohle, die aus pflanzlichen Stoffen, z. B. Holz, Torf, Nußschalen,
hergestellt und chemisch so verarbeitet wird, daß sie eine große Innenoberfläche erhält.

Die technisch wichtigste Eigenschaft von Adsorptionsmitteln wird durch die
Beladung, d. h. das Aufnahmevermögen an Dämpfen ausgedrückt, das bei der Aktivkohle sehr hoch ist. Die Verwendung der aktiven Kohle zur Gewinnung organi-

scher Dämpfe beruht darauf, daß man die adsorbierten Dämpfe mit Wasserdampf leicht aus der Kohle entfernen und diese einfach wieder aufnahmefähig machen (regenerieren) kann. Allerdings muß bei diesem Verfahren das der Anlage zugeführte Dampfluftgemisch frei von festen Bestandteilen (Farbstaub usw.) sein.

Ferner gibt es Verfahren, bei denen man die Lösungsmittel in Ölen bindet und dann das gesättigte Öl ausdämpft. Auf diese Weise werden verschmutzte Reinigungsmittel zurückgewonnen, wie Leichtbenzin, Schwerbenzin, Benzol, Toluol, Xylol, Terpentinöl, Tri- und Perchloräthylen, Butanol, Methyl- und Butylacetat sowie Amylacetat. Alle diese Lösungsmittel werden auch bei Farben und Lacken verwendet. Man kann somit auch die mit den Farbnebeln abgespülten Lack- und Lösungsmittelbestandteile in Ölen binden und diese dann destillieren. Abb. 91 zeigt solche einfache Apparatur zur Wiedergewinnung verschmutzter Lösungsmittel. Die elektrische Heizplatte a dient zur Erwärmung und Ausdämpfung der Lösungsmittel, sowie zur gleichzeitigen Erzeugung des zum restlosen Ausdämpfen nötigen Dampfes. Im Behälter b befindet sich das verschmutzte Lösungsmittel, während in c Wasser enthalten ist. Der Kondensator d ist zur Niederschlagung der Lösungsmitteldämpfe mit einer Wasserkühlschlange h versehen. Das durch Abkühlung wieder verflüssigte Wasser und Lösungsmittel sammelt sich im Behälter e mit Wasserablauf i. Da die Lösungsmittel leichter sind als Wasser, befinden sie sich über dem Wasser und laufen bei k ab. Im Apparat kann kein unzulässiger Druck entstehen, der Verdampfer c hat ein Zulaufrohr f, dessen Höhe den Dampfdruck begrenzt, außer-

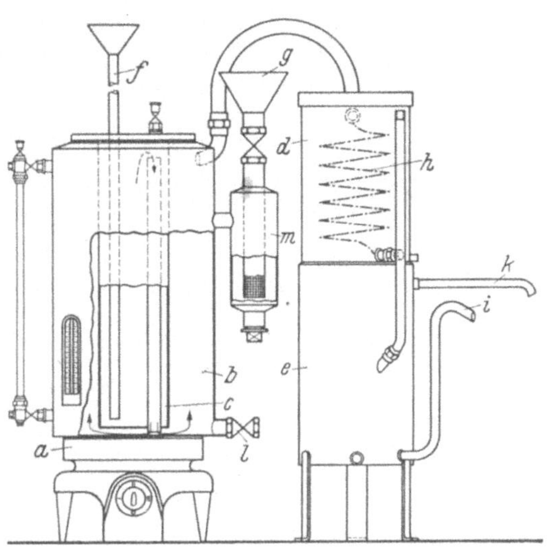

Abb. 91. Destillierapparat zur Wiedergewinnung von Lösungsmitteln.

a elektrische Heizplatte; b Destillierblase für das in Öl gelöste Lösungsmittel; c Wasserverdampfer; d Kondensator; e Sammelbehälter, zugleich Abscheider; f Wassereinfüllrohr; g Einfülltrichter für das zu destillierende Gemisch von Öl und Lösungsmitteln; h Kühlschlange; i Wasserablauf; k Lösungsmittelablauf; l Ablaßhahn für Öl und Rückstand; m Schlammabscheider.

dem wird der erzeugte Wasserdampf im Augenblick der Entstehung sofort verbraucht und die Blase b ist durch den Kühler d und Sammler e hindurch mit der Atmosphäre in Verbindung. Der Apparat ist für eine Füllung von 10 l vorgesehen, am Tag können 3—4 Beschickungen ausdestilliert werden.

67. Lüftungsanlagen für Großraumteile. Während leichtere, handliche Gegenstände aller Art hinsichtlich der Spritz-, Ent- und Belüftungsanlagen keine Schwierigkeiten bieten, bereiten solche Anlagen für Großraumteile oft Kopfzerbrechen, weil die hier oft auftretenden großen Absaugeluftmengen, die ihrerseits bei der Belüftung große Wärmemengen verbrauchen, den Betrieben untragbar erscheinen. Darum müssen derartige Anlagen mit größter Überlegung und unter Hinzuziehung von Fachkräften geplant werden. Normalien lassen sich für solche Anlagen nicht aufstellen, da gerade sie den Betriebsverhältnissen bestens angepaßt werden müssen. Nachfolgend seien einige Anlagen beschrieben, welche nach dem heutigen Stande der Technik als wirtschaftlich anzusehen sind.

a) Lackieranlage für Waggons (Abb. 92) (Patent). Diese Lackieranlage besteht aus zwei gegenüberstehenden Lackierkabinen, die durch ein Drahtglasdach miteinander verbunden und mit je einer Ent- und Belüftungseinrichtung ausgestattet sind. An den inneren Längsseiten der Lackierkabinen sind zwei Klappbrücken (*12*) verschiebbar angebracht, von denen aus die Stirnwände der Waggons bearbeitet werden. Die Lackierung der Längsseiten der Wagen erfolgt von den im vorderen Teil der Lackierkabinen eingebauten Podesten (*11*), auf welchen gleichzeitig Luftreiniger (*6*), Heißlack und Spritzgeräte untergebracht sind. Im hinteren Teil der Lackierkabine befindet sich der Saugschacht mit darin angebrachten dop-

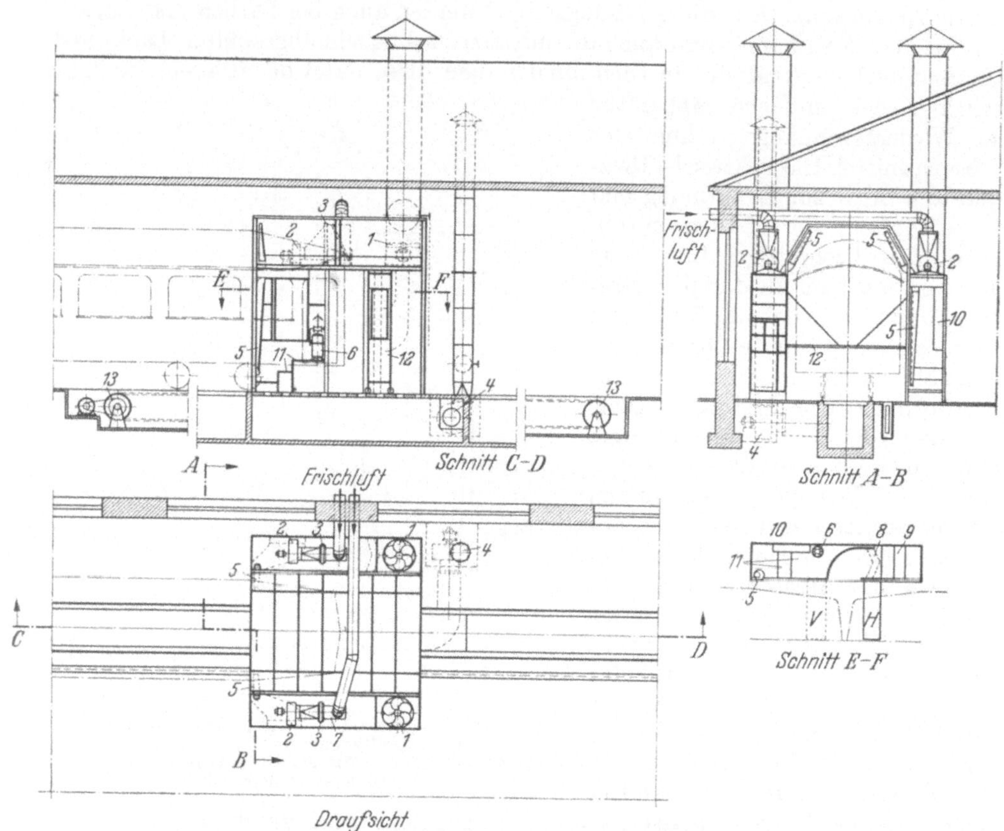

Abb. 92. Lackieranlage für Waggons. *1* Schraubenlüfter; *2* Niederdrucklüfter; *3* Lufterhitzer; *4* Kanalabsaugung; *5* Ausblaserohr; *6* Luftreiniger; *7* Filter; *8* Filterbleche; *9* Leitbleche; *10* Ausblasekasten; *11* Podeste; *12* Klappbrücke; *13* Förderkettenanlage (Waggonverschiebung).

pelten Filterblechen (*8*), und Leitblechen (*9*), die die Saugwirkung des Schraubenlüfters (*1*) über die ganze Fläche des Saugschachtes verteilen. Die über dem Schraubenlüfter befindliche Ausblaserohrleitung ist mit einer Tür versehen, um Motor und Flügel reinigen zu können. Eine feststellbare Absperrklappe verhindert das Eindringen von kalter und feuchter Luft während des Stillstandes der Anlage.

    Die Warmbelüftungseinrichtung ist geschaffen worden, um Gesundheitsschädigung des Lackierers zu verhindern, der während seines Arbeitens von dem Saugluftstrom des Schraubenlüfters gestreift wird. Zu diesem Zwecke wird die durch Filter (*7*) gereinigte und beim Durchgang durch einen Lufterhitzer (*3*) erwärmte Frischluft durch den Niederdruckventilator (*2*) in den an der Rückwand der Lackierkabine angebrachten Ausblasekasten (*10*) und in die an der Stirnwand befindlichen kegeligen Ausblaserohre (5) gedrückt. Während die dem Ausblasekasten entströmende Warmluft den Standplatz des Lackierers erwärmt, hat die durch Schlitzdüsen aus dem konischen Rohr (5) austretende Warmluft den Zweck, die beim Spritzen entstehenden Farbnebel nach der Saugrichtung hin abzulenken

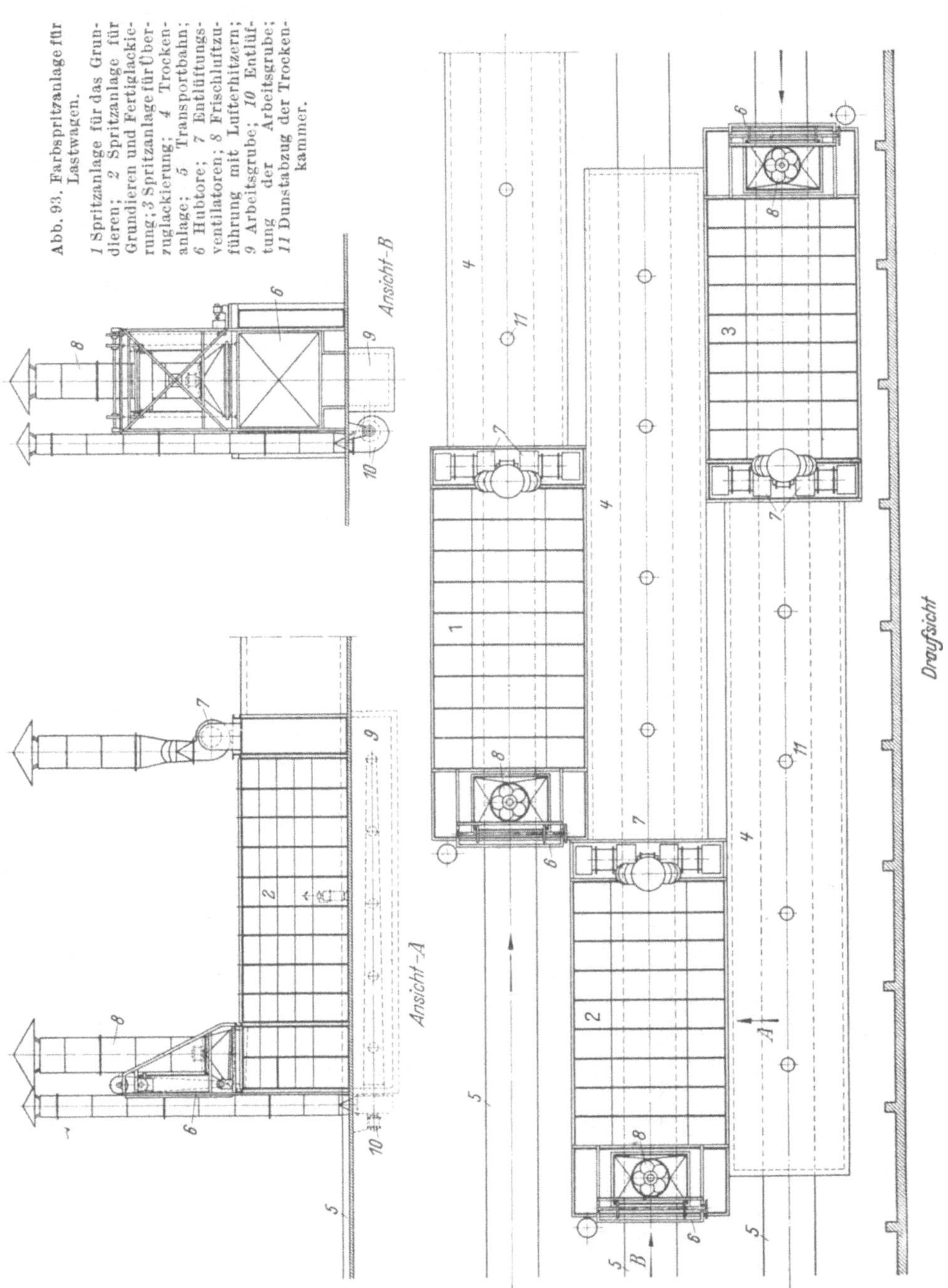

Abb. 93. Farbspritzanlage für Lastwagen.

1 Spritzanlage für das Grundieren; 2 Spritzanlage für Grundieren und Fertiglackierung; 3 Spritzanlage für Überzuglackierung; 4 Trockenanlage; 5 Transportbahn; 6 Hubtore; 7 Entlüftungsventilatoren; 8 Frischluftzuführung mit Lufterhitzern; 9 Arbeitsgrube; 10 Entlüftung der Arbeitsgrube; 11 Dunstabzug der Trockenkammer.

und im Verein mit der am Wagen entlangstreichenden Raumluft dem Saugschacht zuzuführen. Die Kanalabsaugung (*4*), die sich an den meistens vorhandenen Begehungskanal anschließen läßt, verhindert beim Spritzen der unteren Wagenkanten das Ansammeln von Farbdünsten unter dem Wagen.

Die Waggonverschiebeanlage (*13*) dient dazu, den Waggon während des Spritzlackierens in verschiedenen Geschwindigkeitsstufen vor- und rückwärts zu bewegen.

Die Preßluftleitung wird in Stärke von R. $1^1/_4''$ an die Lackierkabinen herangeführt.

b) **F a r b s p r i t z a n l a g e f ü r L a s t w a g e n** (Abb. 93). Wie aus dem Grundriß zu entnehmen ist, werden drei Spritzkabinen angeordnet, von denen jede mit einer Trockenanlage verbunden ist. Der Abschluß nach außen bzw. in der Mitte von der Spritzkabine zur Trockenanlage wird durch ein Hubtor gebildet. Die drei Hubtore jeder Anlage öffnen sich selbsttätig, wenn sich das Transportband vorwärts bewegt.

Um eine ausgeglichene Lüftung zu erhalten, wird gereinigte und vorgewärmte Frischluft zugeführt.

Unterhalb der Spritzkabinen wird eine Arbeitsgrube angeordnet, die ebenfalls entlüftet wird, um die auftretenden schweren Lösungsmitteldämpfe gut absaugen zu können.

Die Trockenanlage wird mit Doppelwandisolierung versehen, um die Wärmeverluste gering zu halten.

Beheizt wird die Trockenanlage unmittelbar durch Heizkörper.

Die Luft in der Trockenanlage wird durch eingebaute Umwälzventilatoren umgewälzt und zwar wird diese Anlage längs und quer belüftet. Zwecks guter Luftführung sind verstellbare Jalousiewände eingerichtet.

Es sind drei Taktstraßen zugrunde gelegt. Die obere Taktstraße gilt für die Grundierung des Chassis, während die zweite Taktstraße für die Überzugslackierung vorgesehen ist. Auf der dritten Taktstraße werden die übrigen Teile der LKWs grundiert und fertig lackiert. Die Transportbänder auf den drei Taktstraßen haben eine Breite von je etwa 700 mm bei einer Bauhöhe von etwa 100 mm über Fußbodenoberkante und bestehen aus Gliederketten mit Mitnehmereisen und Versteifungen. Der Antrieb erfolgt durch Getriebemotore, die so gesteuert werden, daß sich das Transportband in einem bestimmten Arbeitsrhythmus um jeweils eine Wagenlänge vorwärts bewegt.

68. Das Nebeltreiberverfahren (Patent Klose) ist ein grundsätzlich neues Verfahren auf dem Gebiete der Farbnebelabsaugung. **a)** **G r u n d g e d a n k e.** Bei Berechnungen von Entlüftungsanlagen für Großteile, wie Waggons, Staßenbahnwagen, Güterwagen, Omnibussen, Flugzeugen, Möbeln, Fellen, Werkzeugmaschinen usw. stößt man immer wieder auf folgende Schwierigkeiten:

1. Wählt man bei der Berechnung solcher Anlagen die in gut arbeitenden Spritzkabinen als günstig anzusehende Luftgeschwindigkeit von 0,5—0,7 m/s, so ergeben sich so große Luftmengen und damit bei ausgeglichener Lüftung so große Wärmeverluste, daß solche Anlagen wirtschaftlich betrachtet kaum tragbar sind und die Dampfreserven meist gar nicht ausreichen, um die Wärmemengen nachzuschaffen.

2. Wählt man geringere Geschwindigkeiten als solche von 0,3—0,4 m, so werden die Werte für Luft und Wärmemengen wohl geringer, aber auch dann entstehen noch hohe laufende Betriebsstundenkosten. Außerdem wandern die Nebel, die eine sehr geringe Sinkgeschwindigkeit besitzen, so langsam im Raum weiter, daß die Bedienungsperson sehr lange dadurch belästigt wird und nicht ohne Maske

arbeiten kann; außerdem kann sich dadurch Staub unerwünscht ablagern und eine Ansammlung von explosiblen Gemischen begünstigt werden.

3. Bei allen Anlagen steht die Bedienungsperson immer im Bereich des Nebels, da eine Ablenkung des Farbstrahles bei den üblichen Luftgeschwindigkeiten im Arbeitsquerschnitt erst bei 1,0—1,5 m/s des abfließenden Farbstrahles wirksam werden kann, da vorher die Geschwindigkeit dieses Strahles etwa 1,0 m/s beträgt.

4. Bei allen Spritzentlüftungsanlagen, die auf Geschwindigkeit des Arbeitsquerschnittes berechnet werden, müssen immer die Umfangbreiten- oder Längenmaße mal Arbeitsbreite in Ansatz gebracht werden, wodurch sich große Flächenmaße ergeben und dadurch große Zu-, Abluft- und Wärmemengen.

Der Grundgedanke, der zur Entwicklung des Nebeltreiberprinzips führte, war also folgender:

1. Verminderung der Wärmeverluste durch Anwendung geringer Luftmengen von hoher Geschwindigkeit.

2. Schnellste Beseitigung der Nebel an der Entstehungs- und Arbeitsstelle, langsames Abwandern nach einer Abzugsstelle. Schaffung einer Luftsperrwand vor dem Atmungsorgan.

3. Verhütung der Aufladung von explosiblen Dampfluftgemischen durch Zuführung frischer Luft unmittelbar an der Nebelentstehungsstelle.

4. Schaffung leicht beweglicher Geräte, die es gestatten, bei bester Nebelbeseitigung unmittelbar an der Nebelentstehungsstelle die Bedienungsperson außerhalb des Geschwindigkeitsfeldes aufzustellen. Schaffung leicht beweglicher, die Arbeit nicht behindernder Entlüftungsgeräte beim Spritzen von Innenräumen.

5. Beschränkung hoher Absaugegeschwindigkeiten unmittelbar auf die jeweilige Arbeitsfläche.

b) Das Nebeltreiberprinzip ist in erster Linie für große, glatte, auch gewölbte Flächen gedacht, bei denen der abfließende Farbstrahl aufprallt und rotationssymmetrisch an der Fläche entlanggleitet. Man kann dieses Verfahren aber ebensogut durch Spritzen kleiner Teile vor einer aufgestellten Prallfläche bestens ausnützen.

Das injektorartige Saugen der Blasdüsen wird zugleich benutzt, die Umgebungsluft anzusaugen, wodurch Hohlkörper, wie Flugzeugrümpfe, Flügel, Waggons und ähnliches mit verhältnismäßig kleinen Düsenträgerständern ausgesaugt werden können.

Der von der Fläche abgleitende Farbnebel wird von den Nebeltreiberdüsen von seiner Flugbahn in entgegengesetzter Richtung abgelenkt und in den Düsenstrahl gesaugt, so daß ein Austreten von Farbnebeln hinter dem Luftstrahl ausgeschlossen ist. Durch die hohe Austrittsgeschwindigkeit der Preßluft aus den Nebeltreiberdüsen behält der Treiberstrahl seine Geschlossenheit auf etwa 4—8 m bei und verbreitert sich nach dieser Länge nur auf 400—600 mm. Jeder aus der Treiberdüse austretende Luftstrahl saugt das 40fache seines Eigenvolumens an, d. h. also bei einem Preßluftverbrauch von etwa 4—5 m³/h bei 3,5 atü werden 160—200 m³/h Umgebungsluft angesaugt.

Bei Waggons oder Omnibussen oder sonstigen Großfahrzeugen bläst man die Nebel in einen oberhalb des Fahrzeuges angeordneten fahrbaren Trichter, welcher in eine Sammelleitung ausbläst. Die Nebel werden also nicht mehr wie bisher üblich von den Lüftern angesaugt, sondern ihnen zugetrieben und dann an einem engen Saugquerschnitt aufgenommen. Kraft- und Wärmebedarf werden dadurch auf $^1/_4$—$^1/_{10}$ gegenüber üblichen Absaugeanlagen herabgedrückt. Dabei ist

Preßluftbedarf je Düse = etwa 3—4 m³/h bei 3,5 atü;

angesaugte Luftmenge bei 3,5 atü = 120—160 m³/h.

c) Verteilung der Düsen: Versuche haben ergeben, daß die Wirksamkeit der Nebeltreiber bei Düsenabständen von 300—400 mm bei großen Flächen, bei denen die Treibergeräte nicht mit bewegt werden können, vollkommen genügt. Abb. 94 zeigt das Außenspritzen eines Eisenbahnwagens. Man kann nach diesem Verfahren auch beim Innenspritzen von Güterwagen bestens lüften.

Abb 94. Nebeltreiber-Verfahren nach KLOSE: Fahrbare Haube, in welche die Nebel hineingetrieben werden. Der Ventilator oberhalb der Haube bläst die Nebel in einen durch die. ganze Halle gehenden, mit Jalousieklappen versehenen Ausblasekanal.

69. Farbspritzen im elektrostatischen Feld [1]. Die zu spritzenden Werkstücke werden mit einer Förderkette durch ein elektrostatisches Feld geführt. In diesem Feld werden die zerstäubten Auftragsteilchen einerseits und das an der Kette befestigte Werkstück andererseits mit Elektrizität verschiedener Polarität geladen, so daß eine Anziehung zwischen den kleinen Farbteilchen und dem Werkstück stattfindet. Das elektrostatische Feld wird durch ein Elektrodensystem gebildet, das auf eine hohe Gleichspannung gebracht wird. Die Förderkette und das daran befestigte Werkstück sind geerdet. Der Farbnebel wird durch eine gewöhnliche Spritzpistole hervorgerufen, deren Luftdruck allerdings nur ungefähr $1/_3$ so groß ist wie sonst beim Farbspritzen. Die Farbteilchen brauchen durch die Pistole nur in den Bereich des elektrostatischen Feldes gebracht zu werden. Von dort übernehmen die sich ausbildenden elektrischen Kräfte die Weiterleitung der Teilchen, die nun fast alle auf das Werkstück gelangen. Dadurch ist der Abfall viel geringer, und es werden wesentliche Ersparnisse erzielt.

Dieses Verfahren soll insbesondere in der amerikanischen Emailtechnik bemerkenswerte Fortschritte gebracht haben [2]. Berichtet wird von einem Feld von 1,20 m Breite, ebensolcher Höhe und Tiefe [3]. Für jeden neuen Gegenstand müssen die günstigsten Arbeitsbedingungen ermittelt werden, die sich auf Art und Einstellung der Spritzpistolen, Farbverdünnung, Zerstäuberdruck, Bewegung des Werkstückes u. a. erstrecken. Wenn diese Größen festgelegt sind, lassen sich große Serien gleicher Stücke vorteilhaft spritzen. Die erzielten Überzüge sollen sich durch Gleichmäßigkeit und geringen Farbverbrauch auszeichnen.

VI. Trocknung.

70. Übersicht. Zur Ausnutzung der Spritzpistolenleistung wird es, besonders in der Massenanfertigung, notwendig, Lackieröfen aufzustellen, die einmal überhaupt für das Durchtrocknen verschiedener Lacke nötig sind und außerdem das Trocknen beschleunigen. Die zum Trocknen nötigen Temperaturen liegen zwischen 30 und 200°. Beim Trocknen der Anstrichstoffe entstehen Gase und Dämpfe, deren Eigen-

[1] Nach einem Bericht in „Die Technik" Bd. 4 (1949) Nr. 9, S. 404. Ferner siehe Zeitschr. Werkstattstechn. und Masch.-Bau 1951, Heft 3, S. 102.
[2] R. R. DANIELSOW, Ceram. Age, Juli 1947.
[3] F. M. BURT, Ind. Finishing, August 1947.

schaften sehr verschieden sind; deshalb müssen die Öfen so konstruiert sein, daß die Gase gründlich beseitigt werden. Die Größe der Öfen hängt von der Art und dem Umfang der Fertigung ab.

71. Berechnung von Trockenöfen[1]. Der Berechnung der Lackieröfen muß zugrunde liegen: Anzahl und Gewicht der stündlich zu trocknenden Teile im Ofen, Art des Anstrichstoffes, Verdampfungs- und spez. Wärme des Lacklösungsmittels, Art und Größe der Aufnahmevorrichtungen oder der Förderer und deren Gewicht, benötigte Temperatur des Anstrichstoffes. Daraus errechnen sich die stündlich aufzubringenden Wärmemengen: 1. für die zu lackierenden Gegenstände und die aufgetragene Lackschicht, 2. für die im Ofen verwendeten Trockengestelle oder Förderer, 3. für Verdampfen der flüchtigen Bestandteile im Lack und zum Erwärmen der Luft, die die in Dampf verwandelten flüchtigen Bestandteile aufzunehmen hat, 4. zum Aufbringen der Wärmeverluste im Trockenofen.

Also sind in s Stunden P kg Lösungsmittel, d. h. P/s kg/h Lösungsmittel zu verdampfen. P muß vom Lacklieferwerk angegeben werden oder wird aus dem Unterschied zwischen Naßgewicht G_1 und Trockengewicht g_1 einer mit dem Anstrichstoff lackierten Blechtafel ermittelt:

$$P = G_1 - g_1.$$

Es sollen nun folgende Bezeichnungen verwendet werden:

s = Zeit in Stunden,

P = Lacklösungs- und Verdünnungsmittelmenge im Anstrichstoff in kg,

G_1 = Naßgewicht des Anstrichfilmes in kg,

g_1 = Trockengewicht des Anstrichfilmes in kg,

G_v = Gewicht der Trockenvorrichtungen und Förderer, welche sich im Ofen befinden, in kg,

G_w = Gewicht der im Ofen befindlichen Werkstücke in kg,

λ = Verdampfungswärme der Lacklösungsmittel[2] in kcal/kg,

c_p = spez. Wärme (c_{pL} für Luft = 0,241, c_{pD} für Lösungsmitteldämpfe[2] im Mittel = 0,412 kcal/kg grd.),

t = Anfangstemperatur der Luft und der in den Ofen eingebrachten Gegenstände,

t_1 = Trocknungsendtemperatur,

v_L = Luftgeschwindigkeit,

V_L = Luftmenge kg/h; V = m³/h bei 0° C und 760 mm Hg,

γ = 1,293 = spez. Gewicht der Luft bei 0° C und 760 mm Hg.

Die beim Trockenvorgang für die unter 1. bis 4. angegebenen Gegenstände aufzuwendende Wärme (in kcal) setzt sich dann wie folgt zusammen:

$$Q_v = G_v \cdot c_{pv} \cdot (t_1 - t),$$
$$Q_w = G_w \cdot c_{pw} \cdot (t_1 - t),$$
$$Q_P = (G_1 - g_1) \cdot \lambda + (G_1 - g_1) \cdot c_{pP} \cdot (t_1 - t),$$
$$Q_L = V_L \cdot c_{pL} \cdot (t_1 - t).$$
$$\text{Summe } Q = Q_v + Q_w + Q_P + Q_L.$$

Dazu kommen für Wärmeverluste ungefähr 10 % Zuschlag. Aus Q errechnet sich bei Luftumwälzung die zu fördernde Luftmenge

$$V_L = \frac{Q}{(t_1 - t)\,c_{pL}} \text{ in kg/h,}$$

---

[1] Vgl. Zeitschr. Masch.-Bau Bd. 14 (1943) Heft 19/20: KLOSE, Trockenzeitenkürzung beim Farbanstrich.

[2] Vgl. SELIGMANN u. ZIEKE, Handbuch der Lack- und Firnisindustrie.

daraus das Luftvolumen

$$V = \frac{V_L}{\gamma} \text{ in } m^3/h \text{ bei } 0° C \text{ und } 760 \text{ mm Hg.}$$

Wenn die aus dem Ofen kommende Luft die Temperatur t_2 und die vom Heizaggregat zuströmende Luft die Temperatur t_1 hat, so sind unter der Annahme, daß der Luftdruck gleich bleibt und die Höhe von 760 mm Quecksilbersäule hat, die entsprechenden wirklichen Luftvolumina

$$V_1 = V\left(1 + \frac{t_1}{273}\right) \text{ und } V_2 = V\left(1 + \frac{t_2}{273}\right) \text{ in } m^3/h.$$

Die vom Ventilator zu fördernde Luftmenge hängt ab von der Temperatur, mit der sie angesaugt wird. Saugt er Frischluft von $t°$ Temp. an, die noch dazu einen von 760 mm Hg abweichenden Druck b hat (Barometerstand in mm Hg), so ist seine Fördermenge

$$V_0 = V\left(1 + \frac{t}{273}\right) \cdot \frac{760}{b} \text{ in } m^3/h.$$

Tabelle 6. **Lufttrocknende Anstrichstoffe.**

Anstrichstoffe	Trockenzeiten bei 20 bis 25°	
	mit Leinölfirnis Stunden	mit Faktorfirnis Stunden
Rostschutzfarben	12—15	8—10
Güterwagenfarben	12—15	8—10
Spritzspachtel	5— 8	3— 4
Ziehspachtel	6—10	4— 6
Schleiflacke	10—12	8—10
Kutschenüberzugslacke . .	12—15	6— 8
Spirituslacke	$1/4$—$1/2$	—
Nitrolacke	$1/2$— 2	—

72. Allgemeine Mittel. Alle spritzlackierten Teile im Ofen zu trocknen, ist nicht möglich, weil die dazu nötigen Einrichtungen, besonders bei großen Teilen, zu kostspielig wurden. In solchen Fällen richtet man abgetrennte geheizte Räume ein, in die man die Werkstücke zum Trocknen bringt; oder aber man wendet schnelltrocknende Nitro- oder Öllacke (Faktorfirnis) an. Wieviel rascher sie trocknen, geht aus Tab. 6 hervor.

73. Heizungsarten. Für die Heizung der Öfen kommen folgende Energiequellen in Frage: Holz, Kohle, Dampf, Elektrizität, Gas, Öl. Bei festen Brennstoffen (Holz, Koks, Kohle) sind zwar die Heizmittelkosten am geringsten, jedoch ist das Anheizen zeitraubender und umständlicher; außerdem ist auch die Anheizdauer länger und erfordert ständige Beaufsichtigung. Am meisten haben sich die Gas-, Abdampf-, Heißwasser- und elektrischen Beheizungen bewährt und werden ausnahmslos dort verwandt, wo derartige Heizquellen vorhanden sind.

Die Anwendung von Gas bei Lackieröfen wird von den Gewerbeinspektionen wegen der Explosionsgefahr nicht gern gesehen, gibt jedoch, wie die weiteren Ausführungen zeigen werden, bei zweckmäßigen Sicherheitsmaßnahmen keinen Anlaß zu Befürchtungen. Da es als Heizquelle mit am wirtschaftlichsten ist, wendet man es vor allem dort an, wo hohe Temperaturen bis 200° nötig sind. Zur Erzeugung unbedingt gleicher Temperaturen wird man die elektrische Heizung stets vorziehen, da sie Regelbarkeit und Anpassungsfähigkeit besitzt und außerdem gefahrlos für die Lackdämpfe ist. Leider sind diesen Öfen durch die noch hohen Strompreise enge Grenzen gezogen.

Am billigsten und ebenfalls gefahrlos arbeitet man mit Abdampf; jedoch ist mit ihm eine höhere Temperatur als 50° nicht erreichbar. Mit Hoch- oder Niederdruckdampfheizung kann man Temperaturen von 30—150° erreichen, um so höhere, je näher man diese Öfen an die Hauptheizmittelquelle bringt.

Vielfach verwendet man die Heißwasser-Einzelrohrheizung. Als Wärmequelle dieses Ofens dient eine Anzahl voneinander unabhängiger, an beiden Enden zugeschweißter Heizröhren, die mit einer bestimmten Menge Wasser gefüllt sind und mit einem Ende in einen Feuerraum ragen. Diese Öfen verwendet man für Temperaturen von 50—250°. Sollen mehrere dieser Öfen beheizt werden, so findet die Umlauf-Heißwasserheizung Anwendung. Sie hat auch nur eine Feuerstelle, die aber das Röhrensystem mehrerer Öfen erwärmt. Voraussetzung bei dieser Art Heizung ist, daß die Trockentemperaturen in den einzelnen Kammern gleich sind; sie können zwischen 40 und 220° liegen.

Als neueste Art der Beheizung verwendet man Lufterhitzer, für die die verschiedensten Heizquellen, wie Gas, Elektrizität, Dampf, Öl usw. in Frage kommen. Dieser Art Beheizung dürfte wohl die Zukunft gehören.

74. Trocknung mittels infraroter Strahlen. Um lange Trockentunnel zu ersparen, trocknet man mit infraroten Strahlen, welche in Lampen erzeugt werden. Diese Lampen, die im Glaskolben einen Reflektor besitzen, werden auf Gestellen so angeordnet, daß sie wie ein Trockenkanal wirken und auf bestimmten Strecken mit den zu trocknenden Gegenständen mitwandern. Man kann auch Dunkelstrahler verwenden.

75. Verkürzen der Trockenzeit durch Ozonzuführung. Bei allen Farbstoffen, wo Farbfilm unter Sauerstoffaufnahme entsteht, kann man die Trockendauer durch Zuführung von aktivem Sauerstoff, der als Ozon bezeichnet wird, verkürzen. Es konnte festgestellt werden, daß bereits eine Wirkung bei 20° C eintritt. Bei den üblichen Lacktrockentemperaturen von 60—80° C konnte die Trockenzeit sogar auf ein Drittel gekürzt werden. Durch die Ozonisierung wurde nicht allein eine Zeitersparnis erzielt, sondern auch die Güte des Anstrichfilmes erhöht (höherer Glanz, größere Festigkeit). Auch diese Anlage kann ohne weiteres an jeden vorhandenen Ofen angebaut werden. Sie besteht aus dem eigentlichen Ozonerzeuger, einem Wandgestell zur Aufnahme des Ozonerzeugers und Unterbringung des Ozonwandlers, einem kleinen, mit einem Antriebsmotor unmittelbar gekuppelten Ozongebläse, einem Regler für den Primärkreis des Wandlers zum Einstellen der erforderlichen Ozonmenge und einer Bedienungstafel mit Meßgeräten, Schaltern und Sicherungen. Es genügen rund 20—50 mg Ozon je m^3 Luft, wobei mit einem Erzeugungsaufwand von 0,045 kWh gerechnet werden kann. Je größer die Anlage ist, um so günstiger wirkt sich dies für den zur Ozonerzeugung nötigen Kraftaufwand aus; man rechnet hierbei mit rund 1 kWh für 50—60 g Ozon.

76. Wirtschaftlichkeit. Bei der Beurteilung der Wirtschaftlichkeit ist selbstverständlich, daß nicht allein der wärmetechnische Wirkungsgrad maßgebend ist. Auch die Kosten für Heizung, Betriebskosten einschl. Abschreibung, Verzinsung und Instandhaltung des Ofens sind kein unmittelbarer Maßstab für die Wirtschaftlichkeit. Leistungsfähigkeit des Ofens, Güte der Arbeit, Einfachheit und Sauberkeit des Betriebes, die für das Trockengut von größter Bedeutung sind, müssen ebenso wie die unmittelbaren Kosten für die Beurteilung herangezogen werden.

Gut konstruierte und isolierte Öfen müssen in folgenden Zeiten auf 180—200° Betriebstemperatur anzuheizen sein:

Ofeninhalt bis 3 m^3: 15—20 min Anheizdauer, über 3 m^3: 20—25 min Anheizdauer.

Der Gas- bzw. Stromverbrauch je m^3 Ofeninhalt bei gleichbleibenden Trockentemperaturen von 100, 150 und 200° eines Ofens geht aus Abb. 95/96 hervor. Jeweilig auf der linken Seite ist der Gasverbrauch in m^3/h bzw. Stromverbrauch kW angegeben, während auf der Grundlinie der Kubikinhalt der in Frage kommenden

Ofengröße aufgetragen ist. Die Kurven geben die Temperatur an, auf die das Trockengut zu erwärmen ist. Soll z. B. in einem Ofen von 6 m³ Inhalt auf 100° erwärmt werden, so werden dazu 4 m³/h Gas bzw. 40 kW Strom verbraucht, woraus

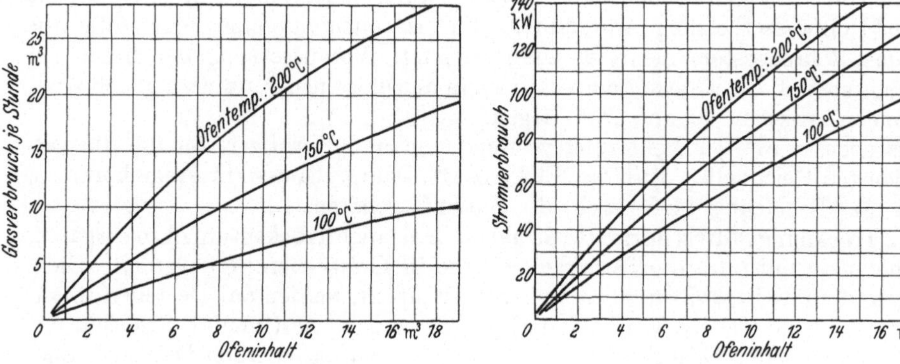

Abb. 95. Gasverbrauch verschiedener Ofengrößen und Trockentemperaturen.

Abb. 96. Stromverbrauch verschiedener Ofengrößen und Trockentemperaturen.

Abb. 95/96. Gas- und Stromverbrauch von Trockenöfen.

sich aus der Trockenzeit der verschiedenen Anstrichstoffe deren Trockenkosten berechnen lassen.

Tab. 7 gibt Näherungswerte über Trockenzeiten verschiedener ofentrocknender Anstrichstoffe.

Tabelle 7. Trockenzeiten bei verschiedenen Anstrichstoffen und Trocknungsarten.

Art des Anstrichstoffes		Luft Temperatur °C	Luft Zeit Stdn.	Ofen Temperatur °C	Ofen Zeit Stdn.
Ziehspachtel	Lackspachtel	20—25	8	100	4
	Fakt. Spachtel	20—25	2	60— 80	1
	Nitro-Spachtel	20—25	1	60— 80	0,5 [1]
Spritz-spachtel	Lackspachtel	20—25	5—6	100	3
	Fakt. Spachtel	20—25	4—5	60— 80	0,5
	Nitro-Spachtel	20—25	1	60— 80	0,25
Kunstharz-lacke	Buntlacke	20—25	12	90—140	1
	Farblose Lacke	20—25	12	90—140	1
Nitrolacke	Buntlacke	20—25	1—2	40— 45	0,3—0,1
	Farblose Lacke	20—25	2—3	40— 45	0,3—0,1
Ölfarben	Leinöl-matt	20—25	16—20	80— 90	3—4
	Leinöl-glänzend	20—25	10—24	80— 90	3
	Fakt. Leinöl-matt.	20—25	8	50— 60	1 [2]
	Fakt. Leinöl-glänzend	20—25	8—10	50— 60	2

Die Trockenzeiten richten sich selbstverständlich nach dem Untergrund, denn ein und derselbe Anstrichstoff kann auf verschiedenem Untergrund verschiedene Trockenzeiten haben. Es erweist sich daher als notwendig, den jeweiligen Anstrichstoff auf den für ihn bestimmten Untergrund aufzutragen und durch Befühlen von Zeit zu Zeit festzustellen, ob er getrocknet ist. Ofentrocknende Lacke müssen vor der Probe erkaltet sein. Ein großer Teil der Anheizwärme geht bei

[1] Schwer zu verarbeiten, da schnell anzieht.
[2] Zweiter Spritzanstrich schon nach 0,5 Stdn. möglich.

der Beschickung des Ofens wieder verloren, wodurch sich die wirklichen Trockenzeiten ganz nach Art der Gegenstände erhöhen. Aus der Abb. 97 ist ersichtlich,
wie stark die Temperatur bei Beschickung des Ofens sinkt, und welche verhältnismäßig lange Zeit benötigt wird, um sie wieder auf die gewünschte Höhe zu bringen.

77. Ofenkonstruktionen. Der Ofen nach Abb. 98 ist ein einfacher Kammertrockenofen, vollkommen aus Eisenblech mit doppelter Wandung a, die gegen Wärmestrahlung isoliert ist. Im Innern des Ofens befinden sich Kanäle, durch die die Heizgase geleitet werden. Die Luftbewegungsanlage besteht aus einem Ventilator, der durch Elektromotor angetrieben wird, einem am Ansaugestutzen befindlichen Luftfilter und den Umluftschächten. Die Wirkungsweise

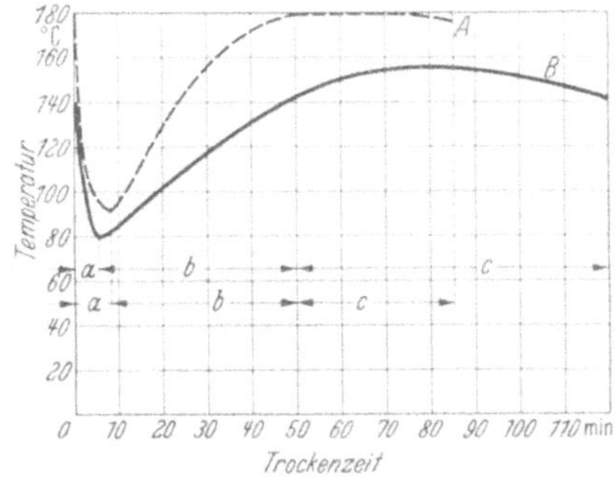

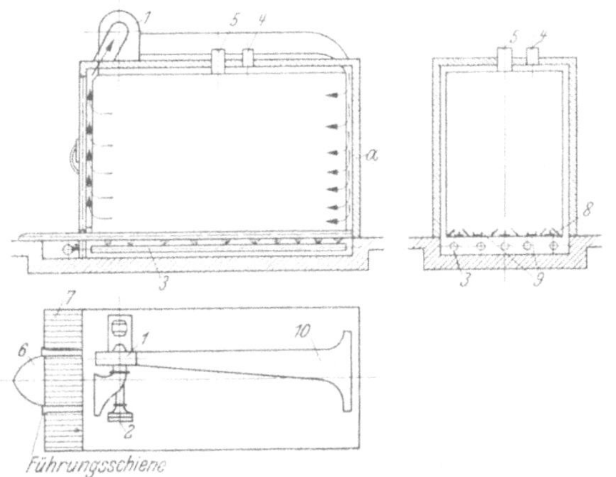

Abb. 97. Trockenzeit.
A Mit Umluft; B ohne Umluft; a Beschickung; b Aufheizung; c eigentliche Trocknung.

ist folgende: Der Ventilator saugt die bereits im Ofen vorgewärmte Luft durch jalousieartige Bleche (Umluftschächte) die sich an der Stirnwand des Ofens befinden, an, vermengt sie mit Frischluft und drückt dieses Gemisch wieder von der Rückwand durch den Ofen zur Stirnwand, so daß die Luft ständig bewegt und erneuert wird. Es werden dadurch die Trockenzeiten, wie bereits aus Abb. 97 ersichtlich, bedeutend verkürzt und außerdem wird eine Lackdunstbildung, die zu Fehlern im Anstrich Anlaß geben kann, verhindert.

Die Heizquelle bilden Gasflammen, die vom Boden des Ofens her angreifen und versenkt liegen, so daß das Trokkengut auf Hordenwagen ungehindert angefahren werden kann. Durch einen besonders ausgebildeten doppelten Boden wird die Wärme im Trockenraum vorteilhaft verteilt und zu große Bodenhitze

Abb. 98. Einfacher Kammerofen mit Umlufteinrichtung.
1 Umluftventilator; *2* Frischluftfilter; *3* Gasbrenner; *4* Heizgasabzug; *5* Lackdunstabzug; *6* Hordenwagenführungsschienen; *7* Gitterrost; *8* Wärmeverteilungsbleche; *9* Fahrschienen für Hordenwagen; *10* Umluftblasleitung.

abgedämmt. Die beim Trocknen und Brennen entstehenden Dämpfe werden durch das Rohr *5*, das sich an höchster Stelle des Ofens befindet, abgeleitet, so daß explosible Gemische sich nicht bilden.

Dort, wo eine ganz gleichmäßige Hitzeentwicklung nötig ist, wendet man gern die Heißwasser-Einzelrohrheizung an. Die Heizung geht von einer bedeutend tiefer gelegenen Stelle aus, in die die zu erhitzenden, mit Wasser gefüllten Rohre ragen. Diese Rohre gehen unmittelbar in den Ofen hinein, wo sie ihre Hitze abgeben. Ein schleifenartig aus dem Ofen ragendes Rohr mit Manometer zeigt den Druck an.

Ähnlich wie diese Anlage arbeitet die *Heißwasserumlaufheizung* (Abb. 99). Die Heizung geht von einem kleinen gemauerten Ofen aus, der mit Holz oder Kohle beschickt wird. Das gesamte Heizröhrensystem besteht aus der Wasserschlange im Heizofen, den Heizschlangen in den Trockenöfen und den Zu- und Rückleitungen, die die genannten Rohrschlangen verbinden. Dadurch, daß das Rohrschlangensystem nach der Füllung verschraubt wird, kann kein Wasser verloren gehen.

78. Öfen für fließende Fertigung. a) B e d e u t u n g d e r f l i e ß e n d e n F e r t i g u n g. Die ungeheuren Leistungen, die die Farbspritzpistole oder der Automat aufweisen, könnten bei vielen Gegenständen nicht ausgenützt werden, wenn diese nicht im Gleichschritt mit jener Leistung bei geringstem Raumbedarf auf schnellste und wirtschaftlichste Weise getrocknet werden könnten. Obzwar in der Verschiedenheit der Trockendauer der einzelnen Anstrichstoffe zunächst gewisse Schwierigkeiten

Abb. 99. Heißwasser-Umlaufanlage.

für die Regulierung der Wanderdauer und Temperatur lagen, kann man wohl sagen, daß der neuzeitliche Trockenofenbau sie überwunden hat.

Fahrbare Trockner: Oftmals erweist es sich auch als notwendig, daß Teile an bestimmten Stellen, vor allem Hohlkörper nach der Lackierung im Innern getrocknet werden müssen, hierbei aber der Transport zum Ofen sowie das Trocknen in einem Ofen unwirtschaftlich wäre. Für solche Fälle ist ein fahrbarer Trockner (Patent) entwickelt worden, der zum Werkstück bewegt werden kann. Er eignet sich daher am besten zum Einschalten in Fließstraßen, da er wegen seines geringen Gewichtes mitwandern kann. Die hohe Luftpressung und Luftmengenbewegung bewirkt eine schnelle Trocknung sonst für eine Ofentrocknung schwer zugänglicher

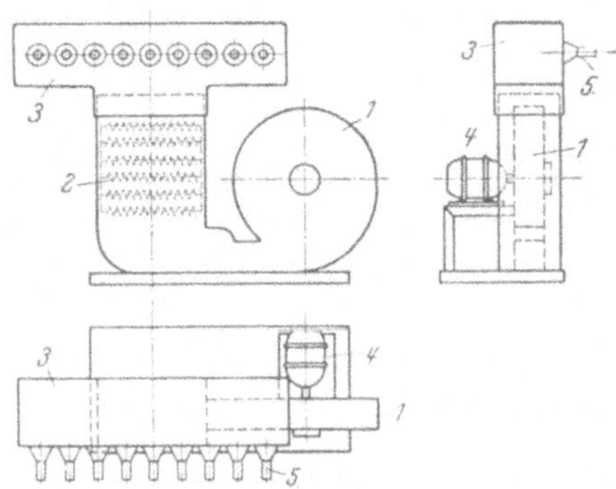
Abb. 100. Trockner (Patent KLOSE).
1 Lüfter; *2* elektrische Heizregister; *3* Ausblasekopf; *4* Elektromotor; *5* Ausblasestutzen.

Stellen. Der Ausblasekopf kann beliebig ausgebildet werden und paßt sich somit der Form des Werkstückes bestens an. Abb. 100 zeigt solchen Trockner zum Innentrocknen asphaltierter Rohre.

b) A u s g e f ü h r t e K o n s t r u k t i o n e n. Abb. 101 zeigt einen kleinen Kettenofen, der besonders für Becher, Kapseln, Tuben usw. gebaut wurde. Das Trockengut wird auf die Dorne eines endlosen Bandes gesteckt (von Hand oder auto-

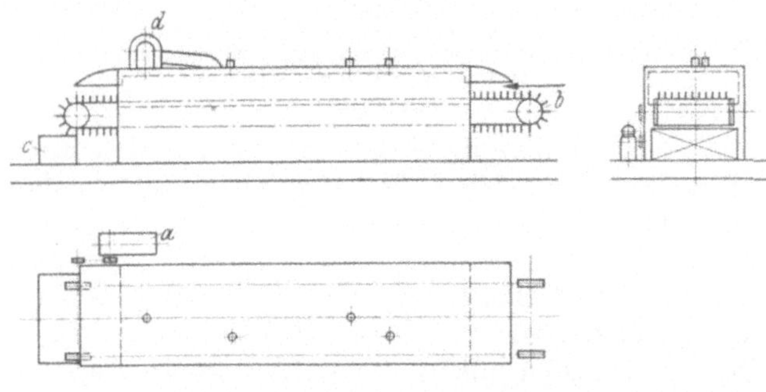
Abb. 101. Trockenofen mit Förderkette.
a Antriebseinrichtung; *b* Aufgabeseite; *c* Abnahmeseite mit Sammelkasten; *d* Luftbewegungsanlage.

matisch) und durchwandert den Ofen, der mit einer Umluftanlage ausgestattet ist.

Weniger von der Form der Gegenstände abhängig ist der Fließofen (Abb. 102). Das Trockengut wird auf Horden gelegt, die in die an der Beförderungskette befestigten Schaukeln eingeschoben werden. Zunächst durchwandert das Gut den senkrechten Schacht nach oben, wird dann durch den oberen Teil des waagerechten Kanals nach hinten geführt, dort umgelenkt und durch den unteren Teil des waagerechten Kanals nach dem senkrechten Schacht zurückgebracht, dort wieder abwärts geführt und an der Aufgabe oder an der Rückseite des senkrechten Schachtes getrocknet und abgekühlt wieder aus dem Ofen herausgenommen.

Abb. 102. Schnelltrockenofen.

79. Fließende Fertigung im Lackierbetrieb. Von welchen Gesichtspunkten aus muß nun die Planung für eine fließende Fertigung in der Lackiererei erfolgen?

1. Grundsätzlich bildet der Anstrichstoff und die vorzusehende Stückzahl Ausgangspunkte für die vorzunehmende Fertigung und für die in Frage kommenden Abmessungen der Trockenöfen, Lackieranlagen, Ent- und Belüftungsanlagen. Man gehe in diesem Falle niemals an die unterste Grenze heran, sondern plane immer so, daß eine spätere Leistungssteigerung jederzeit möglich ist. Die dadurch vielleicht im Augenblick entstehenden größeren Anschaffungskosten bedeuten nur einen Bruchteil dessen, was eine etwa später anzuschaffende neue Einrichtung kostet.

2. Bei der Planung fasse man, bezogen auf die Trockendauer und Temperatur, immer eins ins Auge: Kann man auf lange Sicht mit den augenblicklich zur Verfügung stehenden Anstrichstoffen rechnen oder wird in Vorausschau mit anderen Anstrichstoffen zu rechnen sein?

3. Welche Untergrundvorbehandlungen setzen die Anstrichstoffe voraus und wie lassen sich diese in den Fließgang einschalten?

Zu den Untergrundvorbehandlungsarbeiten gehören Sandstrahlen (Entzunderung), Entfettung, Phosphatieren, Bondern, Atramentieren, Elektrogalvanisieren. Bei Leichtmetallen gibt es das Eloxal- und das Elomagverfahren. Auch diese sind eigentlich auch nur Untergrundvorbehandlungen und noch keine Korrosionsschutzverfahren.

4. Welche Anstrichverfahren sind am wirtschaftlichsten? Hierbei wird man ebenfalls wieder unterteilen müssen, ob es sich um die Fertigung handelt oder um die Montage. Bei der Fertigung bzw. Grundierung der einzelnen später zusammenzubauenden Teile wird man, soweit dies die Art der Gegenstände gestattet, nach dem Tauchverfahren arbeiten. Bei größeren Gegenständen hingegen und solchen, die große Flächen aufweisen, wird das Spritzen den Vorrang haben.

5. Parallel mit der Planung der verschiedensten Anstrichverfahren laufen Einrichtungen für hygienische Maßnahmen. Auch hierüber muß man sich von vornherein grundsätzlich klar sein, welche Maßnahmen die einzelnen Anstrichverfahren fordern. Im allgemeinen treten hier die größten Schwierigkeiten auf bei dem Spritzverfahren, da die hierzu nötigen Spritz-, Ent- und Belüftungsanlagen vor

allem bei Arbeit an Ketten und Schaukelförderern verhältnismäßig viel Platz in Anspruch nehmen. Hinzu kommt dann die Verteilung der Warmluftzuführung, welche außer der in der Halle vorhandenen Heizung mit vorgesehen werden muß, um einen Unterdruck im gesamten Raum bzw. Zugerscheinungen zu verhüten.

6. Wieweit erscheint es angebracht, vollautomatisch arbeitende Anstrichverfahren in den Fließgang einzuschalten?

Bei *wechselnden* Größen der zu behandelnden Gegenstände ist hiervon grundsätzlich abzuraten, da ein Umstellen automatischer Einrichtungen immer mit erheblichen Zeitverlusten verbunden ist, die gegenüber Handarbeiten an der Kette nicht wieder wettgemacht werden können, denn es darf nicht verkannt werden, daß auch automatisch arbeitende Anlagen stets 1—2 Überwachungspersonen beanspruchen. Kleine Störungen an solchen Anlagen bringen dann den ganzen Fließgang ins Stocken. Nicht zu vergessen ist bei Einrichtung von Anstrichverfahren die Bereithaltung wichtiger Ersatzteile, wie z.B. Spritzpistolen, Farbrührwerke, Ventilatoren, Getriebemotore usw.

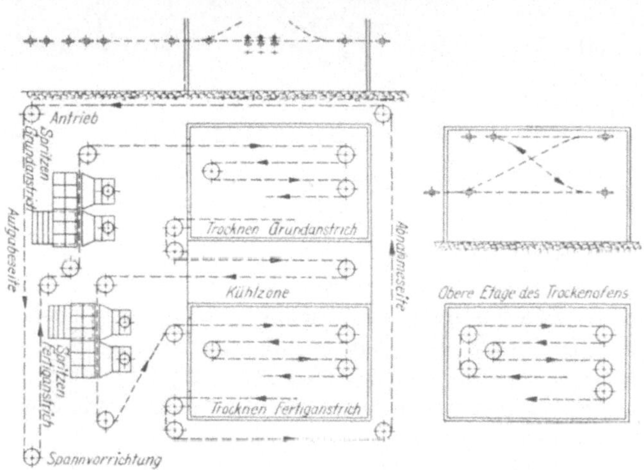

Abb. 103. Vollautomatische Fließstraße für Oberflächenbehandlung. Fördern an Schaukelförderern und Trocknen im Doppeletagenofen.

7. Wieweit ist es ratsam, das Fließtempo bzw. die Fließstraße von Hand oder mechanisch anzutreiben oder wo ist eine Trennung zwischen beiden vorzusehen? Häufig lassen sich eine Vielzahl von Arbeitsgängen, die zwischen der Lackierung liegen, besser in das Fließtempo einfügen, wenn auf Rolltischen gearbeitet wird, als wenn man die Teile mit Förderern bewegt. Um alle diese Zusammenhänge richtig aufeinander abzustimmen, ist es von größter Wichtigkeit, daß die Planung für den gesamten Oberflächenschutz in einer Hand liegt.

Nachdem die unter 1—7 erwähnten Punkte festliegen, kann nun mit der Planung begonnen werden, die man zunächst bei Neubauten, unabhängig von dem zur Verfügung stehenden Raum vornimmt, d. h. also, man wird zunächst die gesamten Maschinen und Einrichtungen so aufstellen, wie sie sich am günstigsten dem Fließprozeß einfügen würden. Dabei muß dann natürlich stets darauf geachtet werden, auch Platz zu sparen. Dies gilt in erster Linie für in Frage kommende Trockenöfen. Da bei diesen immer die Kettengeschwindigkeit für die Länge derselben maßgebend ist, ist zu überlegen, ob man nicht, um Einsparungen vornehmen zu können, Doppeletageöfen wählt, wodurch gleiche Leistungen auf halben Platzbedarf gebracht werden können.

Um gleichzeitig gewisses Spritzen und Trocknen von Teilen in kleinerem Umfang in den Fließprozeß mit einschalten zu können, wurden fahrbare Trockenaggregate an den verschiedensten Arbeitssträngen aufgestellt, so daß das Spritzen und Trocknen sich in den Fließgang einreiht (Abb. 103). Da anschließend an die Trocknung weitere Arbeitsgänge wie Kontrolle usw. nötig waren, führte man hier die gesamten Stränge in einem zusammen, um mit gleichen Arbeitskräften durchzukommen. Die weiter notwendig werdenden Anstrichverfahren konnten nun in Hintereinanderfolge durchgeführt werden, so daß hier das Arbeiten an Kettenförderern insofern wirtschaftlich war, als die Leistung eines Spritzers die gesamt anfallenden Stückzahlen bewältigen konnte.

Anschließend an das Spritzen erfolgt sofort die Trocknung in einem Doppelstrangofen. Mit Rücksicht auf die leichte Entzündbarkeit des verwendeten Anstrichstoffes mußten die Gegenstände vor Beginn des zweiten Anstriches gekühlt werden. Dies geschah in einer Kühlzone, die von einem stark blasenden Ventilator bestrichen wurde.

Handelt es sich um die Lackierung gewisser schwerer Teile, so ist natürlich die Anschaffung eines besonderen Kettenförderers unwirtschaftlich und man wird

Abb. 105.

Abb. 104. Farbspritzen in der Fließfertigung.

Abb. 106.

Abb. 105/106. Gespritzte Werkzeugmaschinenteile.

die gesamte Lackierung auf einem einfachen Fördertisch vornehmen und die Trocknung ebenfalls auf diesem mit unterbringen. Das Arbeiten an Fördertischen wird vor allem immer dann wirtschaftlich und günstig sein, wenn es sich um die Bearbeitung großer und schwerer Teile, wie sie im Maschinenbau vielfach vorkommen, handelt. Dabei kann man für die Transport- und Hebearbeiten, die auch bei fertiglackierten Teilen meist nicht ganz zu vermeiden sind, mit Rücksicht auf die verwendeten leicht explosiblen Anstrichstoffe und ihre Verdünnungsmittel möglichst Preßlufthebemittel verwenden, die jede Funkenbildung ausschließen.

Abb. 104 zeigt eine einfache Fließstraße für Kompressorgehäuse. Abb. 105/106 läßt die Anwendung von Fließarbeiten in der Lackiererei einer Werkzeugmaschinenfabrik erkennen.

VII. Schleifen und Polieren in der Lackiertechnik.

80. Übersicht. Es gilt der Grundsatz: Eine saubere Außenlackierung erfordert einen sauberen Untergrund.

Ein sauberer Untergrund wird meist durch langwierige, stufenweise Behandlung mit Zieh- und Spritzspachtel erzielt. Trotz sorgfältiger Arbeit wird solcher

Untergrund jedoch leicht reißen, wenn zum Ausgleich tieferer Stellen Spachtel dick aufgetragen ist.

Um solche Risse zu vermeiden und um die Fertigung, die durch langsames Trocknen des Spachtels verzögert wird, zu beschleunigen, soll ungleicher Grund nicht ausgespachtelt sondern abgeschliffen werden. Damit ist dann auch die Vorbedingung für das Spritzspachteln gegeben, das kürzeste Verfahren, um einen sauberen Zwischengrund herzustellen.

Je nach Form und Art des Untergrundes oder der Zwischenschicht wird von Hand oder mit Maschine gearbeitet.

81. Handschliff. a) U n t e r g r u n d. Unsauberer Untergrund bei Metallgegenständen wird mit Feile und Schmirgelpapier beseitigt. Die maschinellen Einrichtungen sind so vollkommen, daß mit diesen fast alle diese langwierigen Arbeiten ausgeführt werden können. **b)** Die Zwischenschicht (Spachtelschicht oder Grundlackierung) wird größtenteils von Hand geschliffen. Man unterscheidet Trockenschliff und Naßschliff.

Ob dieser oder jener angewendet wird, hängt von der Art des Zwischengrundes ab (Leim-, Öl- oder Nitrospachtel). Am vorteilhaftesten und gefühlsmäßigsten arbeitet es sich mit Gummischleifklötzen, besonders bei Naßschliff. Man verwendet dann wasserfeste Schleifpapiere, deren Zusammensetzung eine restlose Ausnutzung gegenüber den schnell ausweichenden Normalpapieren möglich macht und eine dem Bimssteinschliff gleiche Güte ergibt.

Wo irgend möglich, sollte man Spachtel aufspritzen, weil dadurch die Schleifarbeit bedeutend verringert wird. Es gibt heute Patentspachtel, in jeder Tönung, der sich dick aufspritzen läßt und nach erfolgter Trocknung eine glatte Fläche ergibt, die kaum geschliffen zu werden braucht.

82. Maschinenschliff. a) U n t e r g r u n d. Ein sauberer metallener oder hölzerner Untergrund wird am wirtschaftlichsten mit Maschine abgeschliffen. Mit Erfolg verwendet man hierzu Schleifmaschinen mit schmiegsamer Leinenschleifscheibe, die auf einem elastischen Kissen befestigt ist. Stahl, Eisen, sowie alle harten Metalle, ferner Zement werden mit Aloxite geschliffen. Für Grauguß, Messing, Bronze, Kupfer, Aluminium u. a. Weichmetalle, sowie Hartholzarten (Eiche, Esche, Ahorn, Hickory), ebenso für Gummi, verwendet man Carborundumleinenscheiben; für Weichhölzer Granat.

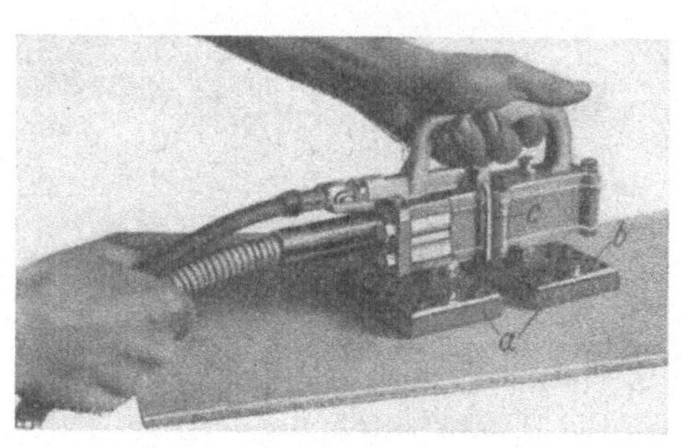

Abb. 107. Spachtelschleifmaschine.

b) Z w i s c h e n g r u n d. Der Zwischengrund wird meist von Hand geschliffen. Sobald aber eine größere glatte Fläche nach dem Spachteln zu schleifen ist, arbeiten Spachtelschleifmaschinen am wirtschaftlichsten. Man unterscheidet solche mit geradliniger und mit umlaufender Bewegung.

Die Zwischengrundschleifmaschine (Abb. 107) hat geradlinige Bewegung. Das Schleifpapier wird in mehrfachen Schichten um die Klötze *a* gelegt und an den Backen *b* befestigt. Die Wassermenge zum Naßschliff wird dem Apparat durch einen Schlauch zugeführt und tritt aus dem Rohr *c* zwischen die Schleifbacken. Bei Trockenschliff wird, um Zusetzen der Scheibe zu verhüten, Preßluft durch das Rohr geblasen. Die Schleifkörper selbst machen aber außer der Handbewegung einen zusätzlichen Weg von 90 m/min.

Die Maschine nach Abb. 107 hat feste Schleifbacken, die besondere Feinfühligkeit der Bedienung voraussetzen. Dies tut die Maschine Abb. 108 weniger. Das Schleifpolster bildet hier ein Schwammgummi von großer Elastizität, auf dem die Schleifpapiere befestigt sind. Ein Gummirand am Gehäuse der Maschine gibt gewissermaßen den Anschlag bei höchst erreichter Dehnung und Druckgrenze des Schleifpuffers. Spülwasser bzw. Preßluft verteilen sich von der Mitte der Scheibe aus auf das Arbeitsstück. Bestgeeignete Drehzahl zum Spachtelschleifen ist rund 1500 U/min, wobei ein vollelastischer Schleifteller mit aufgekitteter Artifex-Silizium-Schleifscheibe mit Körnung 100 zu empfehlen ist. Beim Nachschleifen von Nachsetzausbesserungsflecken nimmt man Artifex-Schleifring Körnung 150. Die Schleifscheiben sind nur auf dem Schwammgummi aufgeklebt, so daß sie leicht ausgewechselt werden können.

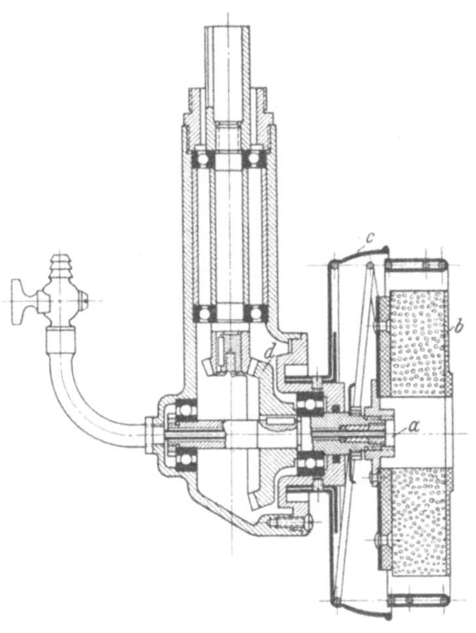

Abb. 108. Zwischengrundschleifmaschine.
a Schleifwasseraustritt; *b* Schwammgummi; *c* Anschlagteller; *d* Winkelantrieb.

c) Schleifen von Lackflächen. Bei Oberflächen, die besonders schön glänzen sollen (Nitrolackierung), muß die letzte Zwischenschicht (also Farbschicht) geschliffen werden. Hierzu verwendet man Schleifpasten. Diese Pasten werden mit einem weichen Flanellappen oder mit Watte aufgetragen und verrieben und mit Hand oder maschinell ausgeschliffen. Die Hand soll in kreisender Bewegung arbeiten; am wirtschaftlichsten schleift aber die Maschine. Die geeignete Drehzahl sind 1000 U/min unter Verwendung eines vollelastischen Schleiftellers mit Filzring oder biegsamer Filzscheibe. Trocknes Schleifen ist zu vermeiden, weshalb man der Vorschleifpaste zweckmäßig einige Tropfen Petroleum beigibt. Zum Nachschleifen sind auf alle Fälle Filzscheiben zu verwenden.

83. Polieren. Zur Erreichung eines Hochglanzes muß der geschliffene Lack poliert werden. Hierzu wird besonderes Polierwasser verwendet, das mit einem Wattebausch hauchfein aufgetragen und mit weichstem Lappen auspoliert wird. Zum mechanischen Polieren (wie auch schon zum Schleifen) verwendet man eine Maschine (Abb. 108) bei einer Umdrehungszahl von rund 1000 U/min entweder mit Lammfellscheibe oder mit Wollschwabbeln. In beiden Fällen darf das Polierwasser nicht erst trocknen, und die Scheiben sind unter leichtem Druck kreisförmig zu fahren.

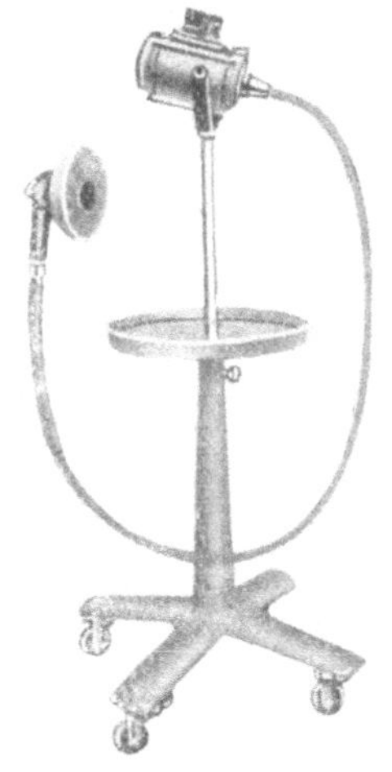

Abb. 109.
Schleif- und Poliermaschine.

Abb. 109 zeigt eine Lammfellhandpoliermaschine mit angebautem Becher für Polierflüssigkeit, welche mittels Druckknopfpumpe durch die Welle der Polierscheibe auf das zu polierende Werkstück gespritzt wird.

(Fortsetzung 4. Umschlagseite)